让阅读走心
让阅历丰盛

对财富说是

创造由内而外的富足

[澳] 奥南朵◎著

贰阅编译

THE
SECRETS
OF MONEY

广东旅游出版社
GUANGDONG TRAVEL & TOURISM PRESS

悦读书·悦旅行·悦享人生

中国·广州

图书在版编目（CIP）数据

对财富说是 /（澳）奥南朵著；贰阅编译.—广州：
广东旅游出版社，2018.1（2024.12重印）
ISBN 978-7-5570-0998-4

Ⅰ.①对… Ⅱ.①奥… ②贰… Ⅲ.①家庭管理—理财
Ⅳ.①TS976.15

中国版本图书馆CIP数据核字（2017）第130355号

对财富说是
Dui Caifu Shuo Shi

广东旅游出版社出版发行
（广州市荔湾区沙面北街71号　　邮编：510130）
印刷：北京晨旭印刷厂
（地址：北京市密云区西田各庄镇西田各庄村）
联系电话：020-87347732
880毫米×1230毫米　32开　7.25印张　130千字
2018年1月第1版
2024年12月第9次印刷
定价：48.00元

目 录　THE SECRETS OF MONEY

第五章
身体知道你想要的财富在哪里

第六章
从纯粹的快乐和热情出发，让更多的钱主动靠近你

第七章
真正得到滋养，享受由内而外的富足

推荐序一　热爱金钱，热爱生活

　　我一直是个不怎么爱钱的人，我甚至以此为荣，好像这样非常高尚似的。直到看了奥南朵老师的《对财富说是》，我才知道，我哪里是不爱钱，我是不爱生活，更确切地说，是不爱生命。

　　在这本书里，奥南朵老师指出了我们对金钱的一些无意识观念，比如，总是觉得钱不够；认为赚钱是很辛苦的事情；对金钱有羞耻感，认为钱是罪恶的；害怕失去金钱；觉得开口向别人借钱很没有尊严；觉得自己不够好，不值得拥有金钱；等等。

　　这些无意识的信念，并不存在于我们的大脑里，而是存在于我们的潜意识里。因此它们对我们的影响是如此隐秘，以至于我们自己都不知道。就在这不知不觉中，我们阻碍了自己与财富的连接。

　　销售行业有一句话，"你不爱钱，钱不爱你"，以前只觉得是一句很庸俗的鸡汤，现在听来，颇有道理。如果你在潜意识里，觉得钱又臭又脏，赚钱又羞耻又辛苦，财富怎么会来到你的身边呢？

那有钱人就快乐了吗？奥南朵老师说也不尽然。我们看到的大多数有钱人并不能真正享受金钱，而是变成了金钱的奴隶。他们或者觉得钱永远不够多，无论赚了多少钱，还想拼命赚更多；或者终日陷入害怕失去的焦虑中；又或者对于花钱有很深的内疚感。而这一切，也与潜意识有关。

潜意识是一种客观存在，并没什么对错，但是如果我们不能省察，它就会主宰我们的生命。

而我们的潜意识，大多数是从父母那里学来的。

觉察到这一点，是我们改善与金钱关系的开始，我们可以重建思维通路，重建潜意识，拥抱金钱，享受金钱。

当然，这需要时间。但觉察，是改变的基础，如果没有觉察，就永远不会改变，这些潜意识会像魔爪一般，死死地勒住我们的喉咙。

我们可以运用我们的智商，我们的头脑，对自己说，金钱是好的，我要享受金钱，但潜意识里却总有个小人在耳边说，金钱是罪恶的，你不能享受它。潜意识的力量比头脑的力量要大得多。

无论是没钱人的苦恼，还是有钱人的苦恼，都有一个共同点，就是觉得"我不足够好"。

没钱的人觉得自己不足够好，不配拥有金钱，所以就真的赚不到钱；有钱人觉得自己不够好，所以通过拼命挣钱来证明自己，最后确实赚了很多钱，却并不会享受金钱带来的快乐。

"我不足够好"，限制的并不仅仅是我们与金钱的关系，它更是我们一切生命困顿的底层逻辑。

我不足够好，所以我要拼命努力，却无法享受工作带来的快乐；我不足够好，所以我要向世界证明自己，一辈子活在别人的评价里，只要还有一个人说我不行，我就不能开心；我不足够好，所以我要找个人来爱我，用对方的爱来证明自己的存在……

《对财富说是》是一本讲财富的书，更是一本讲人生的书，她揭示的，不仅仅是金钱的秘密，更是我们生命的密码。我希望每一个人可以有缘读到它，从而开启自己由内而外，真正富足的人生。

最后，向奥南朵女士致敬！您拥有治愈全世界的笑容和融化整个冰川的声音，每一个曾经沐浴在您光辉下的灵魂，都是幸运的。

小莉

公众号"小莉说"创始人

新女性作家

推荐序二　女人，向上生长

感谢出版方邀请写序，能够让我大快朵颐地在第一时间阅读奥南朵的新书《对财富说是》。阅读得以产生新的思维通路。书籍看似谈金钱，其实是跨越金钱，谈如何掌握自己的人生。我会向所有认识不认识的朋友们推荐这本书，希望能够帮助每个人，打开新的思维模式，建立新的脉络连接。因为，我得益于此。

我是"幸知在线"女性心理成长平台CEO（首席执行官），我的公司高管都是女性，我的公司同事多是女性，我的客户90%是女性，我还加入了一些女性创业社群。所以，在运作公司的过程中，我会去研究女性CEO与公司存活率的关系，也会去探索女性与成功还有金钱的关系。

女性和男性对于成功的定义是不同的，女性遵从的是陪伴幸福感，是向内的，男性遵从的是事业幸福感，是向外的。所以家庭幸福对很多女性来说几乎是生命全部的意义。

女性的思维定式认为：

"事业好了，家庭不幸福了，孩子教育不行了，我事业好有何用？不过是'可怜的'女强人而已。"

"难道事业好的最终目标，不是为了家庭幸福吗？如果家庭都不幸福，扑在事业上有何用？"

男性的思维定式却是相反的：

"陪伴重要吗？很重要，但是什么时候都可以。我先努力扑在事业上，赚到金钱，出人头地，然后才有资格让家人分享快乐。"

"有了事业，哪怕没有家庭，也是众人眼里羡慕的钻石王老五。"

所以，当女性在事业上遇到问题时，她会选择以自己最舒服、最安全的方式"向内延伸"。时间对于每个人而言都是均等的，当他花费时间在事业上时，必然会减少家庭陪伴。虽然我们说自信的妈妈高质量的陪伴对孩子而言非常重要，但那只针对女性处于事业高峰期的时刻。当事业走向低谷，就像身体循环突然不畅，女性会仓皇地发现什么都不好了，有点一荣俱荣、一损俱损的意味。

这时候，她最希望的方式是慢慢地蜷缩回家庭里。因为

"向上延伸"，高处不胜寒，她需要跟恐惧和不安全感待在一起。而且背后总有一双手，拉着她："女人不用在事业上那么要强。你回来做我的贤内助。回到家里，照顾好孩子，慢慢来。""人生中最重要的不就是家庭吗？事业可以小而美，能做多大是多大，舒服就好。"

金钱在很大程度上是事业价值感的体现。所以，女性潜在的声音会说："为了金钱牺牲家庭，那是罪恶的。我必须说服自己，不要陷入罪恶的深渊。"

"幸知在线"前后有两任女高管离去，都是因为家庭——一个是异地的丈夫给她带来极大的不安全感，她选择了回家；一个是因为孩子教育的问题，她选择了回家。

这两任女高管的离去，对我产生了很大的影响。她们并不是因为其他公司有更高的职位而离开，我一方面感到欣慰，另一方面感觉不安。我尊重每个人的选择，但我还是忍不住思索女性与金钱、事业成就的关系。

当时我觉得，真正的事业合伙人不应该在自己或者公司的低谷期离开公司，我会尽力想办法帮助她们获得成长。另一方面，我在心里想，可能她们觉得，在公司的贡献没有得到超出期待的回报，所以当家庭和事业难以平衡的时候，选择回归家庭。这是我在决定使用女性高管的过程中，必须要尊重的事实。

很久之后我才想明白，她们要的回报，不只是金钱的回报或者个人的成长，她们还需要有关系的回报。

在公司创业初始，创始人的魅力吸引了事业合伙人，金钱是重要的，个人成长是重要的，但对大部分女性合伙人来说，关系才是最重要的指标。公司在成长和发展，公司高管和创始人的关系，可能会因为新人的进入发生微妙的变化。

作为公司创始人，我可以适度看重关系，但作为一个高管，他看重的应该是个人成长和职业发展，以及与公司的成长是否能保持一致，或者引领公司成长。渡过了公司的生存危机之后，我也开始反思，女性是如何在个人发展中与金钱、事业产生阻隔的。

在我创业背后，有我家人和爱人的鼎力支持。我爱人本身也是一个创业者，他会同理我的创业感受，然后默默支持我，既不会给我压力，也不会帮我去找退路。他会告诉我，那是公司发展的必然过程，而不会跟我说，太累了，不用做了，公司倒闭了也没关系，你回家就好。

当女性为了孩子、为了家庭而远离事业成功、财富自由时，会觉得自己做了很大的牺牲。这样的牺牲，虽然说是自己的选择，但是女性会因此对家庭的"陪伴关系回报"产生更多期待，比如丈夫的温存，孩子的陪伴。然而，不幸的是，很多丈夫做不到。因为男人们觉得，只要有事业有金钱，关系是可以随时建设的。

所以，当女性婚姻遇到问题时，她们会觉得无路可退。金钱和事业的关系被阻隔了，家庭关系又被阻隔了，已经退无可退了。这时候通常有三条路可以走：第一，局限在家庭关系里，努力回到最初最好的样子；第二，离婚放弃家庭，非常不甘又把它当成重生的希望；第三，触底反弹，把使得自己痛苦的关系放下来，努力试图将自己与金钱和事业的关系变成重要的关系，同时反思家庭问题的来源。也许，反而因此收获了陪伴关系的回报。

通过《对财富说是》，男人会明白，成功从来不会存在于重压之下，金钱只会在滋养中获得。男人必须学会满足女人对陪伴关系的期待，才能更好地获得金钱和成功。

通过《对财富说是》，女人会明白，我们可以适度地向外生长，向上生长，向男人学习。我们需要陪伴，也需要适应孤独地向上生长，不退缩，挑战焦虑，改变能量的流动模式，才能拥有真正的安全感及更多的选择权。

潘幸知
"幸知在线"女性心理成长平台 CEO

推荐序三　金钱背后有秘密吗？有

　　你是不是相信你父母的那些话，吃得苦中苦，方为人上人；你是不是认为只有那些拼命努力的人才有可能赚到很多的钱；你是不是觉得赚再多的钱也不够多，也无法让你拥有足够多的安全感；你是不是和一些人一样很爱钱，但总觉得谈钱并不是那么的高尚，钱有点肮脏，并不是那么道德。

　　你是不是和一些人一样，很想得到钱，但是赚钱却很辛苦？或者当你赚到很多钱的时候，钱总是会以各种各样的方式离你而去……

　　这其实是因为，你还没了解金钱和成功背后的秘密。

　　成功、财富和自由背后真的有秘密吗？是的，真的有秘密。并且这是一个被反复验证的秘密。

金钱和财富其实并不一定与辛苦、勤劳成正比——这与你曾经被教导的信念相冲突。但是，你看，那些最辛苦、最劳碌、最勤奋，每天起得最早的人，其实大多数并不是那些最有钱的人。

通常，我们会认为自己最熟悉自己，不可能再有别人比我们更懂自己；认为我们了解自己与未来人生之间的规律。其实，99%的人并不了解自己的潜意识，不了解自己隐藏在潜意识里的信念——而正是那些信念决定了我们与金钱的关系，决定了我们与成功的距离。这一切，在这本书里都得到了很好的说明。

我们与金钱、成功的关系，在某种程度上讲，都和我们的原生家庭有关，和我们童年所形成的信念有关，和我们执着的神经反应的固有模式有关——只是我们已经太熟悉这些模式，以至于从来不去怀疑它。

奥南朵是一个永远可以给人带来温暖，带来喜悦的老师。她永远那么美丽，那么端庄，那么幽默，那么体贴，那么快乐。令我最为钦佩的是，并不是看见她的这些状态，而是看见她一直生活在这样的状态之中——她是一个充满智慧的人，一个真正活在智慧当中的人。

现在既然你看到这本书，相信你的心灵之旅也会因此而开启。

卢熠翎

SRI自我重建整合课程体系创始人

工商管理硕士、工学硕士

美国 NLP University NLP 国际导师

系统排列导师、科学催眠师

颂钵疗愈师 NLP 高级执行师

心理咨询师

推荐序四　生命绽放的助人者奥南朵

　　我是在十年前一次国外的亲密关系工作坊上认识奥南朵老师的，当时的她穿着黑色的长裙，个子不高，看起来四十多岁，很漂亮，人非常精神，笑容非常灿烂。我已经不记得那个课程讲了什么，好像没有太多的理论，多半是一些体验式的活动，看起来也轻轻松松。但是第一天下午我内心的某些东西却被深深触动了，我能明显感觉到胸口处打开了一个口，那是我第一次有明显的身体感受。真是一种奇妙的感觉，好像以前，心一直住在一个没有窗户的房间里，长期缺氧已经成了习惯，突然有一扇窗户被打开了，新鲜的氧气进来了。咦，原来自由呼吸、自由跳动的感觉是这样的呀？死气沉沉突然消失，生命的活力突然流动起来！

　　晚上我回到寝室照镜子，惊喜地发现我的脸色居然变得不一样了，有了神采！有时会有很久不见的朋友跟我说："你的脸比以前更放松，更漂亮了。"我知道这是因为内心成长变化而导致的相由心生。这通常需要一段比较长的时间才能显现，我以前从来没有试过一天之内就能看到自己的脸有这么明显的变化！第二天，来自世界各地的同学中有好几位西方人直接告诉我："你今天变得特别美！特别快乐！"

更明显的变化发生在第二天的午餐。第一天的我独自默默地在餐厅找个角落用餐，快快地吃完，快快地消失，躲进我一个人的寝室。那时的我无法在一大群人中感觉自在，我害怕遇到同班同学跟我打招呼，他们都是外国人，我的英文不够好，害怕跟他们讲话，不知道怎么正确地表达自己。但第二天的午餐我居然很自然地跟一班同学坐在一起，开始跟他们聊天，很有兴趣地听他们讲话，那些原本不记得的英文单词不知道为什么突然变得清晰起来。

那次午餐我记忆犹新的是一位以色列男同学的话，他说："奥南朵是世界上最美的女人！"世界上最美的女人？这也太夸张了吧？虽然这位老师很漂亮，但也毕竟四十多岁了，脸上也有了小皱纹，最美的女人不应该是那些美艳的大明星吗？而更让我吃惊的是，他们居然告诉我，这位老师已经六十岁了！呃，年轻帅气的以色列男同学心中最美的女人已经六十岁了，这太颠覆我往日的价值观了，但也让我开始对这位老师产生了极大的兴趣。

那是一个三天的工作坊，我用剩下的一天半时间仔细观察这位别人口中"世界上最美的女人"。原来，她的美并非来自容貌，而是源自于那绽放的生命力。

我们都见过绽放的花朵，如果说每个人都是一朵花，小朋友的生命力是绽放的，偶尔有成年人有个绽放的笑容，但很快会消失。我以前认识的所有人，包括我自己在内，即使是最美最帅的明星，都能或多或少感觉到他生命力的某些部分被束缚了。这是无法伪装的，它呈现在我们的笑容里和身体上，身体忠诚地表达着我们的心事、担忧、压力和束缚。

在认识奥南朵老师之前，我很难把某个成年人，特别是六十岁的老年人的生命与绽放这个词画上等号。逐渐地，我明白了为什么那位年轻的帅哥会说"奥南朵是世界上最美的女人"。因为她身上那种鲜活的、绽放的生命力是如此的芬芳和美好，她的笑容是如此喜悦，感动的时候她会毫不掩饰地落泪，安静的时候寂静肃穆如古井，跳舞的时候又热情性感得像盛开的桃花。怎么有人的生命活得如此全然？我真希望自己六十岁的时候也能像她那么美丽和绽放。很快，我发现几乎所有的女同学都跟我有着相同的心愿。

在接下来的十年时间我非常有幸成了奥南朵老师在中国的工作伙伴。通常我们会对舞台上的明星或老师有着不切实际的投射，一旦你走到了幕后和他们一起工作，真相就会浮现出来，你会发现他们在台上与台下的不一致。这本无可厚非，谁都希望把最好的一面展现在台上，如果台下还要保持着同样的状态不太累了吗？谁能坚持得了呀？但是，跟奥南朵老师工作了十年的我，必须承认，我甚至更喜欢台下的她。

一次在不熟悉的城市遇到严重交通堵塞，我们差点误了飞机。一到机场，我们还在四处张望找柜台，她一个不懂中文的外国"老太太"，居然箭一般冲向了那个正确的航空公司柜台。我们几个比她年轻太多的女子只好跟在她后面一路气喘吁吁地小跑，心里暗暗在想不知道谁才是老太太，谁是小姑娘。

几年前，我们组办的某个西方国家的游学团。因为是旅游旺季，碰巧那年申请签证的人又奇多，四位同学的签证迟迟未出。在临出发前一天晚上，我们接到了他们被拒签的消息。这本来跟奥南朵老师没有什么关系，但她听到消息后却说："我明天去领事馆"。通常情况，申请那个国家的签证最快也要两个星期才能出证，我们的航班是第二天晚上的。旅行社的人劝我们放弃，他们说，你们不认识任何领事馆的人，去领事馆也没有用。

奥南朵老师第二天一早还是去了领事馆。当被拒签的四位同学到达时，她已经成功地让拦路的职员闪开，叫来了主管，并跟这位高级官员聊得热火朝天。见到四位同学，她很快要来了新的签证申请表，大家马上填写完毕，重新付签证费，当天下午五点前所有人都拿到了新的签证，坐上了晚上的航班！

当我们告诉旅行社的人，所有人都在当天拿到签证时，对方目瞪口呆，说入行十几年从未听说过这种事情。

那年的游学团，同学们都说，还没有出发，就学到了人生非常重要的功课。

事后我问奥南朵："当时你如果被拒绝了怎么办？你不担心不成功吗？"

她说："我就是去做，不担心结果，如果不成功，我就接受结果。"

这就是她，对生命说是的她（《对生命说是》是奥南朵的第一本书），看起来很简单很轻松的态度，能量完全流动，极少内耗。不像我们前怕狼后怕虎，首先很可能根本不会去争取，被头脑中的恐惧，不可能的信念束缚了，连尝试的勇气都没有。即使鼓足勇气去试，也是一大堆的担心、怀疑，患得患失，既要往前，又在后退，结果能量浪费在内耗上，把自己弄得精疲力竭。

为什么这位今年已经七十岁的老师步伐比许多二十岁的年轻人还轻盈？这就是秘密。身体会衰老，但她的内在能量很顺畅，所以生命力自然地绽放。也许你会在一个修行很高的大师身上看到这一点，但奥南朵老师不是出世的修行人，她不讲形而上的哲学道理，她只是活出自己生命本然的样子，那就是喜悦和绽放。

　　奥南朵老师年轻时就是著名的律师，拥有成功的事业和家庭，但内在却陷入情绪的低谷，甚至想过自杀。她的童年也经历过重大创伤，父亲生意失败，破产后自杀，家境一落千丈。但经过几十年淬炼后，她身上充满了喜悦和对生命的热忱。所以她很懂得如何支持生命的蜕变成长。每当我遇到人生重大挑战，哭哭啼啼一副快要活不下去的样子去找她，只要跟她谈一会儿就会突然领悟：天大的事儿，还是芝麻大的事儿？谁决定？我自己决定呀！想起了她说她自己最喜欢的咒语："What the hall！"（去他的！）

　　有个同学说她会去尝试做某件事情，奥南朵老师把一瓶水放到她的面前，让她尝试着拿起这瓶水。她要伸手去拿，老师提醒她，不能真的拿，只能尝试去拿，这位同学一下子手足无措起来，不知道要把手放哪里好。等她纠结得差不多了，老师走过去一把拿起了水瓶："你要不然就去做，要不就不做，尝试是个笑话。"

　　那一幕深深地刻在我的脑海中，做就做，不做就不做，尝试什么都不是！人生本是如此简单，为什么我们把一切弄得这么复杂？就是因为那些所谓的尝试。

　　有一次我们跟一些朋友一起吃饭，有位女士说，老师呀，我喜欢佛陀、弥勒佛、观音菩萨、文殊菩萨等诸佛菩萨，也喜欢耶稣、圣母玛利亚和孔子、老子等圣人，每当我吃饭之前就要先感谢他们。但是要感谢的太多了，总怕会忘记哪一位。奥南朵老师听后说了一句："你不是最应该感谢那个给你做饭的厨师吗？"哇！简直是神回复，把飘在天上的人直接拽到了地上。

她自己就是这么落地、这么踏踏实实享受人生的人。一个不懂中文的外国人最喜欢去深圳的罗湖商业城淘货，请裁缝做她自己设计的衣服，或者是改良某个大牌的设计。她拥有占地庞大、价值不菲的别墅洋房，也喜欢去潘家园、罗湖淘货，享受砍价的乐趣。有位跟过她去购物的女生说，从未见过有人像她那样精通砍价的艺术。（后来奥南朵老师告诉了我砍价的秘密，想知道的朋友私聊，呵呵。）

在她身上，我看到了什么叫做"活出生命，运用和享受金钱"。这对于追逐金钱、卡在金钱上或为金钱而挣扎，无法活出喜悦生命的我们实在是太有启发了！我觉得对待金钱的态度其实也是我们对待生命的态度，它跟我们拥有多少没有直接的关系，最快乐的人很可能不是拥有最多的人，而是最能享受和感恩的人，就像奥南朵老师。她并不是理论讲得最好、最高深的老师，但是她身上却有神奇的转化力。

以前我并不明白其中的奥秘。直到有一次我参加了一个名为"助人的艺术"教师培训，才知道助人者的影响力层级有三：

一级助人者：知识的传递，可能是一位中学的教师。

二级助人者：能力的掌握，技巧的传授，可能是一位某个领域的专家、老师或师傅。

最高级的助人者：他/她的身份可能不是一位老师，也不一定是做助人工作的，也许这个人是一位你很尊重的长辈，或领袖人物或老师。你被他/她的品格特征所影响，你希望自己成为一个像他/她那样的人。这些人是最有影响力的助人者。也许你跟一位英语能力很强的老师学习英文，但你不想成为像他那样的人。只有遇到了品格特质令你非常尊重和喜爱的人，你才会想要成为他/她那样的人，潜意识就会通过模仿让你变成那样的人——这是最强的学习动力和影响力。

在奥南朵老师的课堂中，无论是60后还是90后，你听到最多的就是这句话：我希望老了能像她一样；我也希望能像她一样，那么全然、绽放、喜悦地活着。

奥南朵老师就是一位这样的助人者。

李悦（Grace）

国内知名成长培训机构慧真教育创办人

数十年心灵成长的践行者

第一章
金钱是在靠近你还是远离你，取决于你的选择

THE
SECRETS
OF
MONEY

很多人会出现这样的情况：

付出了很多精心的努力，结果只能得到一点点钱，得到的钱留不住，来了就走了；

或者有个机会能挣到很多的钱，但是因为恐惧，这个机会溜走了；

有的人得到钱很容易，但是来得容易走得也容易；

有的人平时没钱，但他又说"当我需要的时候钱就会出现"；

有的人虽然有一定的财富，但是很累，牺牲了自己陪伴家人、孩子的时间，非常不自由。

这些都是因为他们和金钱的关系出现了问题。

钱是一种能量，它需要流动

说了半天，钱到底是什么呢？它是好的还是坏的？

很常见的一个看法：金钱是邪恶的，是万恶之源。很多文学作品会把金钱和人性放在对立面来讨论。譬如古希腊的戏剧家索福克勒斯在他那部有名的《安提戈涅》里就诅咒过金钱："人间再没有像金钱这样坏的东西到处流窜。这东西可以使城邦毁灭，使人被赶出家乡，把善良人教坏，使他们走上邪路做出可耻的事。甚至叫人为非作歹，犯下种种罪行。"

再譬如著名的作家巴尔扎克，他的很多小说都在控诉金钱的罪恶。在我们熟悉的《欧也妮·葛朗台》中，无论是父女关系、夫妻关系还是朋友关系，统统要排到金钱后面。

而在"侦探小说女王"阿加莎·克里斯蒂的侦探小说中，有36场谋杀案直接源于金钱。

但是，也有人认为财富总归是好的，因为无论是什么人创造了财富，"你所创造的财富将留给后人，让全世界更为富有。"（美国金融史学家约翰·戈登）。

那么，对你来说，金钱、财富意味着什么呢？

我见过很多人，他们对金钱都有自己的理解。有的人认为金钱代表身份地位，代表尊严；有些人会把金钱跟自由、安全、控制联系在一起；而有的人提到金钱会有沉重的负担感，会感受到压力；还有另外一部分人，他们会因为金钱感觉到愧疚、羞耻，甚至是仇恨。

关于金钱，我有一些概念。这些概念你可能不接受，可能不认同，但没有关系。

金钱是流动的能量

通常，我们倾向于把钱当成一种固定的财富，是我们可以拥有、可以控制的东西。但是金钱有很多不同的形式，它可以是银行的货币，可以投资在房地产上，可以是某种商品，可以是金条，或者是你的事业……它有很多不同的形式。但不管是哪种形式，它的价值是不断改变的。不管是一根金条还是一栋房子，或者是一张债券、一张纸钞，它的价值都会随着时间发生改变。比如 10 元钱的纸钞，现在能买到的东西跟 10 年后能买到的东西肯定不一样。所以如果你觉得钱是固定的，就是要紧紧抱着这些钱，要留住它，那你肯定会失去它。

所以，我的第一个概念就是，金钱是能量。因为金钱的价值是不断改变的，这是一种运动，任何运动的事物就是能量。把钱当成能量，它就会真正流动起来，它来了它走了，有时多有时少——这就是钱的本质，它不是固定的东西。

金钱本身没有意义

第二个概念是，金钱本身没有意义。如果我们稍稍了解一下货币的起源，那么这个概念就非常好理解。在金钱发明之前，如果我有一头牛、想换一头羊，我需要带着我的牛在一个个村庄挨家挨户去问，看有没有人有羊并且愿意跟我交换。有了钱以后，我们的交易就变得简单了。所以钱就是一种工具，它本身没有客观的价值，就是一张纸而已。

但是银行家们，这些发明钱的人，他们跟我们讲了一个故事，说钱这个东西有价值，我们就相信了。因为大家都相信，它就有了价值。如果把这张纸拿给猴子，让它给我们一根香蕉，它肯定会想"这真是一个愚蠢的人，竟然以为一张纸价值一根香蕉"。

所以，钱之所以有价值，是因为大家都相信它有价值。事实上，这也是大家唯一都相信的事情——并不是所有人都信仰上帝，或者信仰国家、家庭，但大家对钱都有同样的信念。所以钱就能运作，能行得通。

渐渐地，我们甚至忘记了钱本身不过就是一张纸。我们把钱看得太重要了，我们赋予它社会上的意义，心理上情绪上的意义。我们把它看得比它原有的本质重要得太多了。我们个人的形象，我们对自己的认识，很多都基于钱，我们甚至摧毁自己的健康来赚钱。

有的人因为钱而与他人发生争执，终生不再往来——他们把钱看得比友谊更重要；有的家庭因为钱变得四分五裂，家里的人都不见面了——他们把钱看得比家庭还重要；还有一些人，他们甚至因为钱去自杀或者杀人——他们把钱看得比命还重要。

在"财富与自由"这个课程中，我跟大家一起探讨个人与金钱的关系。课上我会让大家思考这些问题：

对你来说，金钱和财富的意义是什么？

你到底需要多少钱？如果你在财务上感觉完全安全的时候，你会怎么样过你的人生呢？

当你的钱比让你过上舒适生活更多的时候，它带给你的又是什么？

那些更多的钱，到底满足了你哪些需求？你觉得它能带给你关注，抑或是力量？

自由对你而言意味着什么？自由来自哪里？你希望得到什么样的自由——从什么当中解放出来得到自由，或者自由地去做什么？

你希望从什么当中解放出来？是从他人的批评、批判当中解放出来，还是从他人对你的期待中得到自由、得到解放？或者是从责任、义务当中得到自由、得到解放？

你希望自由地做什么？

赚钱会剥夺你的一些自由吗？比如需要花更多的时间，使你没有办法跟朋友、跟家人待在一起？或者需要出卖良知，不得不做某些事情？

现在，我邀请你也一起来思考这些问题。当然，这些都只是态度跟信念，没有对错，无需评判，你只需如实看到，并把留意到的写下来。

你是不是第一次思考这些问题？我们总是去做、去做、去做，去做那些别人期待我们做的事情或者是自己认为我们应该做的事情。但从来没有问过自己，我们的人生究竟想干什么，或者对我们来说什么才是真正重要的事情。

我们假设，财富是为我们提供一种安全舒适的生活，那么自由就是让我们能过一种被滋养的生活，不用承受那些不必要的压力——有些压力是好的，但有些压力是没有必要的；自由就是去做那些让自己乐在其中的事情。

　　这两者可以并存吗？这就是我们接下来要探讨的课题。

期待金钱，并不能给你带来金钱

有一本书，名为《秘密》，一经出版就空前热销。在美国单月再版突破 200 万册，4 个月销量突破 500 万册。之后，它的版权卖到了澳大利亚、加拿大、英国、日本、韩国，当然还有中国。这是一本讲吸引力法则的书，被称为"心灵励志圣经"。

它说，用你的念力，你想要什么就去投射，结果就会实现。比如，企业家，对市场投射很强的念力，销售额就会提高，利润就会出来。

很多人相信吸引力法则，我知道，因为这实在太令人兴奋了，"心想事成"，多么美好啊！一次我看到一则新闻，一个女人赢得了大笔的乐透彩，她说她运用了吸引力法则。她说，"哇，好神奇。"

运用吸引力法则能收获好的金钱关系吗？我只能说这是一个很美好的愿望，就像我希望我妈妈永远不离开我一样。想一想，还有几千万人，他们也运用吸引力法则去买乐透彩，却没有赢钱。还有更多的人，他们运用吸引力法则，却没有办法摆脱糟糕的人生。

为什么吸引力法则无法一直奏效？

因为它是基于你的意识头脑，基于正面思考。

是，这没有什么不对。但问题来了，你真的可以控制你的意识吗？

你可以告诉自己说，到今年年底，我要多赚 10 亿元。你可以画出钱的图像，贴在墙上。你可以每天对自己说："没错，这就是我要拥有的。"你拥有目标，让自己保持动力，没有什么不对。不过，你的心底却有一个小小的声音在说，"我做不到，因为我不够好，我不值得。"当你有这样的无意识时，谁会赢呢？你的意识还是无意识？是的，赢的永远都是无意识。

我们有目标，但好像总有什么东西阻挡，让我们一直没有办法达到目标。到底是什么阻挡了我们？就是我们的无意识。

我喜欢把头脑比喻成一座冰山的样子。冰山的大部分都藏在海水之下，我们看到的露出海面的其实只是冰山一角。你的头脑也是一样。科学家会告诉你，95% ～ 99% 的时候，我们的头脑

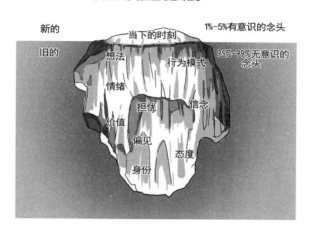

头脑大多数是无意识的

新的   当下的时刻   1%~5%有意识的念头

旧的   想法   行为模式   95%~99%无意识的
                                                      念头

          情绪

                    担忧   信念

          价值

          偏见

                    态度

          身份

是处于无意识状态的。我知道这一点很多人难以接受，会说"不不不，我是有意识的，我很清楚自己在做什么"，我可以告诉你一些例子。

　　你有没有做过类似这样的决定：我要做更多运动；我要更早起；我要吃得更健康；我要对我的伴侣、对我的小孩更好，更爱他们……你做到的有多少？事后很多人从道德视角来评价，来批评自己："我的生活习惯太差了！""我太没毅力了！"或者"我太没责任感了！"……

　　这些想法除了让你心生羞愧，实在解决不了任何问题。做决定的是你的意识，但导致最后结果的却是你的无意识。这就好像一个小孩在玩投币赛车。他没有投币，转动方向盘，以为自己操控着赛车，但其实屏幕上只是在重复播放一段演示视频。

是无意识的头脑在主宰我们的人生。当然，无意识是潜藏的，并不容易觉察。

金钱是靠近你还是远离你，同样跟你的无意识态度密不可分。后面的章节，我们还要具体来谈一谈这些无意识观念是什么，它们是如何形成的，我们应该如何对待它们。

可以确定的是，这些无意识态度使得吸引力法则的效果大打折扣，时而有效，时而失灵。

想一想：你运用过吸引力法则吗？运用吸引力法则有效的是哪些事？失效的又是哪些事？你有没有发现，在用吸引力法则的过程中，小的目标容易实现而大的目标不容易实现？

摒弃金钱羞耻感，与金钱连接

每次在"财富与自由"工作坊我都会让学员们做一个练习：两人一组，其中一人代表金钱；两人相对而立，保持两分钟的目光接触，之后顺从自己内在的感觉，移动身体或者静止不动。

练习虽然简单，但场域中实实在在地呈现了当下其与金钱的关系：有的人努力想靠近金钱，身体却连连后退；有的人一直追着金钱，但金钱却满场躲避；有的人虽然站着不动，但无法直视金钱；有的人对着金钱泪流满面，甚至号啕大哭……

记得有一个代表金钱的学员脱口而出的是："我可以给你钱，但我只是钱，你要的尊重，你要的爱，你要的接纳和包容，我给不了你。"

我邀请她分享，她说："看到她（她的伙伴）直勾勾地看着我，我感觉特别沉重，特别难受。那是热切的期待啊，就好像一个饿了好多天的小孩，直勾勾地盯着母亲为她做好的食物。所以我才情不自禁地说了那些话。"

她的伙伴却掉眼泪了。她出生于重男轻女的农村家庭，作为女孩，从小到大受到了很多不平等的对待。从小她就立志长大后要挣非常非常多的钱，让当年那些看不起她的人都来巴结她。她确实做到了，长大后她入职投行，薪水很好，但她并不快乐。

　　从结果来看，她似乎有不错的金钱关系。但她还想要更多的钱，这也是她来工作坊的原因。我们都看到了，她希望金钱满足她的所有需要，获得别人的尊重、接纳和爱。而这让金钱感觉非常有压力，就如那位学员所说的，钱只是钱，给不了其他的。不少人觉得自己目前所有的问题都是因为缺少了一千万。然而，真相是什么呢？

　　有一个出生在 20 世纪 50 年代的学员。我们都知道，那个时候的中国物资很匮乏，很多人吃不饱饭。那个学员也是这样。他在 20 岁前就没有好好吃过一顿丰盛的饭菜。如今，他虽然不是大富大贵，但绝对中产，衣食无忧。可他对吃饭还是有着非同一般的执着，每天三顿饭必须有酒有肉，否则一天都会有情绪。这是因为他的内在有一个关于吃的空洞需要填补。这一点，后面我们还会用更多的篇幅来谈。

　　当然，也有学员确实跟金钱有非常好的关系，在一些参加过工作坊的学员身上，经常可以看到这幅图像：他们吸引金钱温柔相拥，或者让金钱感受到了喜悦恬静的能量。

一次在工作坊，一个代表金钱的学员分享说："一开始我并不排斥对方，也不想动；又过了一会，感受到对方身上有一股温暖的能量，很想靠近对方，于是走上去拥抱住了对方。"

他的伙伴是第三次上我的工作坊了，她说，前几年确实手里有点钱就会花掉，有时还是以一些莫名其妙的方式，比如自己丢了、被偷了、生病花掉了等等。这几年，她学习了，觉察到了自己无意识里面的不配得感，对钱的羞耻感，慢慢地，跟钱的连接变得好了起来。"以前，钱就是一条小溪，动不动就干了，但现在就是水渠，水流大了，哗哗的。"她比喻说。

我们在家也可以尝试一下这个练习。这个练习看似简单，但只要静心投入，就能清晰地看到金钱是在靠近你还是远离你。

找一个伙伴代表金钱。保持安静，慢慢放空自己，体验对钱的感受，诚实地面对自己。

有时很好玩，有的人嘴里说着渴望钱，双脚也试图往钱的方向移动，但是上半身却明显后仰，在排斥钱。

钱的代表告诉自己："我是钱，没有好或者坏，只是中性的钱。"

然后两人对视，保持目光接触两分钟。之后，听从自己的感觉移动身体，可以远离或是靠近，也可以拥抱。

你的反应是怎么样的？

练习 1

探索你无意识中对金钱的信念和态度

　　这个练习可以帮助你探索自己无意识里关于金钱的信念和态度。

　　几个人（不少于 3 个人）围坐一圈，每个人拿出一些钞票，数目由自己决定。右手拿钱，左手张开。场外一个人发布指令。

　　当圈内人听到"Pass"的指令后，把右手的钱传给右手边的人，左手接受左边的人递给自己的钱，让钱流动起来。"Pass"的指令越来越快，大家的动作也越来越快。整个过程持续 3 分钟。发布指令人喊"停"。

　　觉察钱传起来的时候自己的感受：喊"停"的时候钱比开始的时候多了还是少了？或者两手空空？你的感觉如何？是觉得有罪恶感还是很兴奋？钱经过你的时候，你有数吗？你对接到钱有兴趣还是把钱传出去更有兴趣？

　　看看圈子的其他人，他们有多少钱？你对钱比你多的人有什么感受？有些人不想把钱传出去，只想抓着，你对这样的人有什么感觉？你愿意跟这样的人打交道吗？

　　当"Pass"的指令加快的时候，你感觉焦虑了吗？

闭上眼睛，深呼吸。

察觉你的手摸着什么，

觉察脸上的温度，

觉察你无意识中关于钱的信念。

钱没有那么重要，

它只是一种能量，

是一种需要流动的能量，

是天真的、中性的能量。

当钱从你的一只手流动到你的另一只手，

有什么感受：

焦虑、激动、担心，或是嫉妒、生气……

感受自己的存在，你比钱还重要，这就是事实。

把你的专注力放在你的呼吸上，

你身边的、周遭的事物一直在改变，

但你是存在于当下的。

没错，钱来了钱又走了，

但你在自在地呼吸，

你并没有牵涉到这些钱当中，

你只需要去享受这种流动。

从一只手进来，

从一只手出去，

这并不是最重要的，

你的人生并不仰赖于此，

你真正的价值也并非取决于此。

每次做这个练习的时候，我都会发现一些很好玩的细节：

有的人真的会紧紧抓住钱，接了 5 张，但只传出去 1 张。很多人这样做。有的人干脆把接过来的钱放在自己的脚下，每次我说"Pass"，他都把钱放在自己脚下——他在非常努力地把钱留下来。

随着我的指令越来越快，大家的呼吸会变得急促，身体会逐渐前倾。这代表大家的焦虑，代表大家对钱的渴求。

记住：钱是一种能量，是一种流动的能量。就像水，水是需要流动的，水不流动就是死水；就像身体里的血液，如果没有流动就变成血栓。如果我们试着要掌控钱，我们的世界就会变得很小。

第二章
是什么在制约你拥有金钱

THE
SECRETS
OF
MONEY

其实赚钱并不难，钱不过是一种能量。有很多可以赚钱的机会，你也拥有赚钱的能力，智慧、创意、能量，这些你都有。但，是什么真正地阻碍了财富的到来？我们是如何限制自己，如何破坏自己的？

你如何看待金钱，决定了你可以获得多少钱

关于金钱，我们会有哪些常见的无意识信念？当然，这些念头并没有对或错，重要的是你要看到它们。

盲目追求更多金钱

有一部电影，关于华尔街的，其中有一个场景：

新员工见老板，老板问的第一个问题是："你的数字是什么？"在那里每个人都有一个数字，代表他赚到的钱，当他赚到这个数字的钱就可以退休。员工反问："您的数字是什么？"老板回答："这个很容易，我的数字就是'更多'。"

很多人跟钱有不自在、不轻松的关系：焦虑、恐惧、沮丧、抱怨。这都与一种无意识态度有关，就是更多，觉得钱越多越好——这也是最常见的、我们关于金钱的无意识态度。尤其在当

前的消费型社会，创造出越来越多这样的无意识态度。这就代表我们永远无法停下来享受，随之而来的感受就是压力和焦虑。

"只要我再多 1 亿元就够了，这样我就可以停下来，放松地享受我的人生了"。那你就努力工作吧，也许会赚到 1 亿元。但那时候你会停下来享受吗？不会的。当你赚到 1 亿元的时候，看到其他人还有更多，你会对自己说"我需要更多，这样不够"。

只要无意识里有这样的态度，你就会不断跟人比较。"我需要更多，现在我需要 10 亿元"，然后更努力工作。当赚到你的10 亿元，你会停下来享受吗？不会。"我需要更多，现在我需要50 亿元"……

你永远不会觉得够，我敢打包票，只要你一直有这种无意识的态度。这样就会给你带来压力，也会吸走你的能量，让你无法自由地去享受。

在工作坊中，我会让学员做一个练习，一个人扮演钱，另一个人对钱说出自己关于钱的无意识态度。然后让钱复述他听到的话。一个学员分享说：当她听到钱对她说"更多"时，她的身体很紧绷、很抵触。

可是，我们很多人就是这样的状态。我们从来没有停下来问自己人生的价值是什么，只是盲目追寻更多、更多、更多……焦点放在钱上，无法享受快乐，也无法享受生活。

努力、辛苦、牺牲才能赚到很多钱

"一分耕耘一分收获"这句话大家都熟悉，对，很多人都信奉它，认为必须非常努力非常辛苦才能赚到很多钱。如果你也相信这句话，代表对你而言，赚钱非常有压力，你经常感觉很累、很疲惫。

这其实是我们限制自己的方式。就好像在白天戴着眼罩走路。即使财富走到你面前，你也会犹豫不决，并最终跑掉。

我有一个学员，他一直抱怨自己薪水太低，觉得自己怀才不遇。有一天机会来了，他曾经服务过的一个企业家给了他一个非常有诱惑力的机会，正是当下热门的新兴行业，薪水有诱惑力，工作内容也很有挑战性。但是他自己却迟疑了："怎么可能轻轻松松拿这么高的薪水？肯定有一些我不了解的东西。"最终，他拒绝了这个让他进入高薪行业的机会。

是的，这个机会已经来到他的面前，工作内容很有趣，对他来说毫无难度，但因为无意识里面的信念，他限制了自己，并亲手推开了这个机会。

相信我，如果你也抱持同样的信念，"我一定要牺牲、一定要挣扎、一定要很努力，才可以赚到很多钱"，你不会看见这些轻松赚大钱的好机会的。你会像盲人一样，看不到脚下散落一地的珠宝，即使踩到了，也会当作石头踢开。

"男人有钱就变坏，女人变坏就有钱"

影视剧里面，文学作品里面，有钱人大多傲慢无礼，盛气凌人，而且他们获得财富的方法往往充满原罪。我知道中国有句话，"男人有钱就变坏，女人变坏就有钱"。英国也有一句名言："财富造成的贪婪人比贪婪造成的富人要多。"很多人相信，如果一个人非常有钱，那他一定干过什么坏事，比如欺骗、剥削、敲诈……不管是什么，反正肯定做过什么不好的事情。

当然，这不是事实的真相。但如果你无意识里相信了这句话，你就不会允许自己去赚很多钱，你会暗中破坏自己，还不知道为什么。比如，冥冥中让自己的目标变得渺小，无意识地远离容易赚钱的行业。即使凑巧有了钱，你也会用一些方法把钱花出去，你不会去享受它。

我知道的，很多女性不太愿意选择那些看起来不太"适合"好女孩的工作，比如秘书、销售等，即使她在这些方面非常有潜力，能够挣到很多的钱。曾经有女孩对我说："我很不喜欢每天坐在办公室里处理文件，我很容易就能协助别人促成签单。也有人建议我调岗，去做市场，这样挣钱多很多。但是我不能，因为我是一个好女孩。"很显然，她相信了这句话。

"有钱是危险的"

如果家族中有人因为拥有太多的钱而受到过不公正对待，被控告、受侮辱，那么这个家族就会有一种潜意识，"拥有很多钱是不好的"。这样的潜意识会被一代代传承下来，即使他们没有经历这个事件。海灵格博士创立的家族系统排列，是临床心理学界的一个热门课题，已经有很多案例治疗来说明这个真相。

有一门全新的科学叫作表观遗传学，它从生物学角度解释了这个事实。20世纪"荷兰大饥荒"期间，很多家庭遭受了灾荒，食物不充足，很多人非常饥饿，这是一个创伤。后来经历过饥荒事件的人，他们的孩子对食物也非常焦虑，即便那些孩子并没有经历过饥荒事件。还有孩子的孩子，三代人，他们在无意识当中对食物都非常焦虑。

科学家们研究后发现，在饥荒期间受孕遇到饥荒出生的孩子，他们DNA甲基化水平低于他们的兄弟姐妹。后来，科学家们又在老鼠身上做实验，再次证明了这一点：祖辈营养不良的记忆可以传给子一代和子二代，甚至导致他们DNA的改变。

这其实是很合理的，因为大自然警告身体的方式，就是好好留意并照顾自己。

如果你的父母或者祖父母因为拥有过多的金钱受过苦，你就会在无意识中承接他们的关于金钱的态度，认为"有钱是危险的"。

在过去的中国历史中，不少家族经历过这样的创伤。工作坊中一个学员分享说：前几年房价低迷的时候，他刚好做了几个大项目，拿到了很大一笔钱，打算在一个很好的小区买两套房子。那个小区环境好，管理好，是出了名的富人区，很多有钱人都选择住在那里。但是在准备交定金的前一天，他的腿摔伤了，再后来他的事业一直走下坡路，再也买不起了。

"如果我买了那个小区的房子，即使靠着那些房子，我也是有钱人了。"他遗憾地说。是的，他的爷爷奶奶、外公外婆曾经都是非常富有的人，并且因为富有受了很多苦。无意识当中，他就是不想住到那里，因为"做有钱人是一件相当危险的事情"。

把钱花在别人身上比花在自己身上更容易

有些人，他们对钱会产生羞耻感，当然这是很微妙很细微的感觉。如果你的无意识有这样的念头，你也会限制自己。在意识层面，你很想赚钱，赚很多钱，但在无意识层面，你会破坏这一切。

记住：无意识是比意识更有力量的。当无意识里对钱有羞耻感、有罪恶感，即使你赚到钱你也不会让自己去享受金钱。对你来说，把钱花在别人身上比花在自己身上更容易。

通常知识分子的家庭，灵性的家庭，或者是道德价值感比较高的家庭，这些家庭会有一种无意识的信念，认为钱是比较低下的，是会让人羞耻的。出身于这些家庭的人，更可能对钱抱持这种无意识态度。

对别人开口要钱是不可以的

还有一种人，他们觉得向别人开口要钱是不可以的。如果你没办法向别人开口要钱，或者你借别人钱但没办法开口要回来，这都源于你的一种骄傲。

开口要钱是不可以的，这也就导致，如果我负债也是不可以的。只要你无意识中有这些，你就会限制自己。因为你要赚钱的话，做到一定程度必然面临扩张的需求。当你要扩张的时候你必须向别人开口要钱，是不是？

或者来自另一种无意识的态度，"我不值得，我不够好"。这也很常见。由于中国长久以来重男轻女的观念，我的工作坊每次都有很多缺乏自我认可的女性。

如果你对自己的认知是"不值得"或者"不够好"，那么当你去追求大目标的时候就会迟疑，"我会不会成功？""我有没有能力做好？"无意识中就会不断破坏自己。

"我爱钱"

有一种常见的无意识态度就是"我爱钱"。听起来，这似乎是一种好的态度。但真是这样吗？

当我们说爱某种东西的时候，是有很强的渴求在里面的。你为什么要对某人说"我爱你"？因为你希望对方也对你说"我爱你"。我们的爱是有条件而且充满渴望的。钱在的时候，你爱它很容易，去爱一个爱你的人是很容易的。

要是钱不在了呢？要是钱开始远离呢了？你会不会心生焦虑？要是钱离得更远了呢？你的爱会怎么样？更焦虑了吧？

如果没有觉察这一点，当钱不在的时候，我们就会让自己进入一种紧张、压抑的状态。但如果接受，"钱就是一种能量，它在的时候我很享受，它不在，没关系啊，生活会继续下去"，这样你就会轻松很多。要知道，钱的能量本来就是自由的。

"有钱就要牢牢抓住"

还有一种人，对钱特别谨慎，他害怕失去钱，害怕钱不够用，他牢牢地抓住钱，希望钱永远不要离开。显然这是一种希望，一个梦想。钱是流动的能量，它会来也会走。如果你太想控制钱，你对钱就会产生一种无意识的焦虑和恐惧。这也是限制。

如果你想挣大钱的话，你就要投资，要准备好先花钱，准备好冒险。马云的故事大家都很熟悉，当年他把所有的钱都拿出来，冒险做一件前途不明朗的事情。

敢于冒险，敢于花钱，这样你才能让你的钱变得更多。如果你对钱持有小心翼翼、焦虑的态度，它就会限制你的目标。在前面做"Pass"练习的时候，那些无法把钱传出去的人，都有这样的无意识态度。

"有钱就要赶紧花掉"

有些人则相反，他们想都不想就大把大把地花钱。这个世界上钱的数量是有限的，尽管政府不断在印，但钱的数量还是有限的。如果有人有很多钱，就代表其他人的钱少了。

拥有很多钱是很美好的，但如果你不去欣赏它感激它，如果你不能认识到"哇，我好幸运我有好多钱可以花，别人是比较少的"，只是花、花、花，你就会失去钱，它就会从你的指尖流走。你要觉察到这种无意识的态度：你不尊重钱，你不感激钱。

抱怨钱

抱怨钱是另外一种无意识态度。通常，我们是这样表达的，"我做了这么多，这么努力，钱还是没有来，钱好难啊，没有给我我想要的。"或者，你也会发现你对钱的态度也是你对整体人生的一种态度："我没有得到我想要的。"

后面的内容，你会看到，当你对钱有这些无意识抱怨的时候，不但影响你自己的能量，也影响你与金钱的关系。

这些无意识的态度都是学来的

你一出生就会觉得"钱对我来说很困难""我不值得"吗？我们对待金钱的这些无意识态度到底来自哪里？是与生俱来的吗？当然不是。这都是我们从父母那里学来的。

所有的无意识态度，包括我们对于金钱的无意识态度，在我们头脑里都只是一种电流脉冲，它在我们的神经通路上移动。无意识所拥有的唯一现实，就是我们赋予它的能量。无意识只能在意识中被创造（就是"临在"，present），并伴随着强烈的感觉。

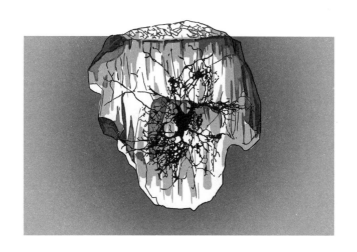

科学家告诉我们，一个人的神经通路往往在他生命的前六年就已经形成了。显而易见，在人生前六年，父母是对我们有最大影响力的人。

有一个女孩，她总是没办法为自己花钱，甚至她的丈夫都抱怨她不该把钱花在自己身上。探究之下，我们发现，原来从小父亲就告诫她"你不需要这么好的东西"，她相信了这一点，然后她把这点投射到先生身上——她在自己的人生中把这个事实创造了出来。意识层面，她希望拥有金钱并享受它，但如果她心怀愧疚感，她就会愤怒。

还有一位企业主，每次事业做到一定程度总是无法扩展。在课程中，他突然意识到，自己的父亲是靠体力挣钱的，虽然父亲非常努力、非常辛苦，但却只能让家人勉强过生活。所以，他一直觉得挣大钱是很困难的。

父母能够对孩子发挥这么大影响力，是因为孩子对归属感的需求，对父母的盲目忠诚。孩子对父母亲都有非常强的无意识的忠诚，所有的孩子都有非常强烈的归属感的需求。他们必须感觉到我不是独自一人，我是归属于父亲或母亲的，他们愿意做一切来得到这种归属于父母的感觉，因为没有父母，孩子就没有办法生存。因而，在无意识中，孩子就跟父母建立了很多合约。比如，"我会像你，这样我就归属于你"。

我们一直相信并执着于那些旧的无意识态度，而那些其实都是从父母那里得到的。从别人的故事中，我们似乎很容易看到这个事实，但其实我们都一样，对父母亲在无意识当中有极大的忠诚。即便我们不喜欢他们，即便我们对他们有愤怒，但是在那之下，我们都有一种无意识的渴望的归属感。

在无意识中我们变得像我们的父母；在无意识中，我们承接了他们的态度、他们的想法，甚至是他们的情绪、惯性。如果说妈妈是很哀伤、很沮丧的，那我也很哀伤、很忧郁，这样我就归属了，归属于妈妈；如果爸爸对钱很焦虑，我对钱也要很焦虑——在无意识当中，我们一直都是这样做的。

在我的"财富与自由"工作坊，我会让大家做一个练习：

　　两个志愿者代表父母，学员对父母的代表说："对我来说赚钱比你们容易。我的人生是比较容易的。"每一次的工作坊，90%以上的人都没办法很自在地说出这两句话。

　　如果我们比父母幸福快乐，过着比他们富足的生活，我们会感觉不舒服，感觉心有愧疚——这就是我们对父母的忠诚，即使我们心中不喜欢他们。当我们生活得比他们好，我们心中就会有这样的愧疚感。

　　只要这种愧疚感还在我们的无意识当中，我们就会一直破坏自己：如果父母婚姻不幸福，我们就不允许自己比父母有更好的两性关系；如果父母没有享受过金钱，我们也不会让自己好好享受金钱——如果他们不成功，我们也不允许自己成功。

　　难道我们就只能重复父母的人生轨迹来过自己的一生吗？后面的章节，我们会重点探讨这个话题。

　　以上谈到的这些，只是一些无意识的态度，没有对或错。对自己诚实一点，看一看自己有哪些无意识的金钱态度，然后写下来。

　　闭上眼睛，回想你父母的人生：

　　也许对他们来说生活并不容易，钱对他们来说不是简单的事；

也许他们需要苦苦挣扎才能过上好日子；

也许他们无法追逐自己的梦想；

也许他们没有很快乐的人生，从来没有机会好好享受自己的人生；

也许他们非常辛苦地赚钱才能使你得到好的教育，才能拥有更好的人生……

想象一下，你的父母在你面前，对他们说：

我可以比你们赚更多的钱，赚钱对我来说要容易得多。

闭上眼睛，感受一下，你可以很自在说出来吗？还是会感觉不舒服，甚至有点愧疚？

允许最坏的结果发生

恐惧是我们身体的一个自动反应机制，像呼吸一样，是很自然的，不用做任何事情它就会启动。实际上，它是来保护我们的。比如，当我们在野外散步，一条蛇突然出现在面前，我们全身的肌肉就会"唰"一下子紧张起来，恐惧出现了。

战斗还是逃跑？

恐惧是怎么运作的？一旦我们头脑感觉到危险，那一刻就会触发这个机制，头脑发出这个讯息传到脊椎，造成身体症状各种不同的改变：瞳孔扩大，尽可能获取更多光线；皮肤血管收缩，向主要肌肉群输送更多血液；肌肉绷紧，肾上腺素上升，身体充满力量；平滑肌放松，更多的氧气进入肺部；消化系统和免疫系统等与运动无关的系统暂时关闭，这样，负责运动的系统会得到更多的能量——身体做好了准备，面对种种危险的状况，战斗或者赶快逃跑。

这是一个很棒的机制。在面对某些危险的时刻，人们所做的事情可能是平常都做不出来的。他们可以反应更灵敏，跑得更快，更有力量。

每次我们感受到危险的时候都会触动这个机制，然后就会出现身体症状。所以恐惧是很自然的，让身体能够更加警觉地处理危险，准备好面对挑战。在人类进化的过程中，因为这样的一套系统，我们规避了各种危险而存活了下来。

当恐惧成为习惯，就会让你的人生受限

我们都有各种各样的恐惧，这很自然。但如果我们把恐惧变成一种习惯，那就不自然了，会让你无法实现自己的目标，让你人生的格局越来越窄。

当然，它会变成习惯有一个无意识的理由。比如，一个小孩曾经被一条黑狗咬过，之后，当黑色的狗出现在他面前时，他就会恐惧。所有黑色的狗都会咬人吗？显然不是。他的恐惧来自他旧有的经验和信念。

恐惧也许来自你对自己的不认可，害怕别人批判你，害怕

别人对你有意见；恐惧也许来自你的无价值感；如果你有一对经常很焦虑的父母，也有可能是接受了父母的习惯。

你可能在恐惧，如果没能达成目标，很丢脸，或者害怕赔钱，或者失去朋友……结果就是，当一件事情有风险牵涉其中，无法确定结果时，你就会感觉焦虑，无法行动。

在事业上如果你想要达到一个较高的目标，那当中就一定会有风险：市场可能不景气，利润可能下滑；可能会有比你更聪明或者比你不诚实的竞争对手进来；或者你做了错误的投资，不安全的投资……很多情况都有可能发生。

你当然不希望这些情况发生。但这是经营事业的一部分，很多事情是你无法控制的。如果你真想要一个非常安全的生活，想让你的事业非常安全、非常有保障，那只能把它维持得非常小，你才能掌控一切——当然，这种掌控也是虚幻的。这样它就会非常受限、非常小，跟你的人生一样。

与恐惧和平相处

如果你想要人生当中一切都在你的掌控下，非常安全、有保障，那你只能做一件事——在房间放一口棺材，一辈子就躺在里面——那是唯一安全的东西，那是人生当中唯一保证会发生的事情，就是你一定会死。其他的一切，你都没有办法确定。

但正是这种不确定性才让人生变得这么丰富这么有趣。

成功人士从来不会想要去改变那些不在他控制范围之内的事情。事实上，成功者总是能够与恐惧和平相处。就像一个拳击手，如果他想要上台去拳击，如果他真的想要当一个拳击手，他必须要允许这个可能性发生，就是被人打昏。否则，他永远也不能上场与人战斗。

这就好像医学上"带病生存"的理念。糖尿病、高血压等慢性病，是无法治愈的。但如果你能配合医生的治疗，接受终生服药，接下来的生活也能保持比较好的质量。恐惧也是这样，好像天要下雨一样，我们能做的就是提前带伞。

现在花点时间想一想，你人生当中有没有这样的状况：也许你在事业上想跨出新的一步，或者想创建新的事业，或者想展开全新的生活方式——一些你想达成的目标。它们让你感觉面临一些风险，非常不确定。

这件事发生的可能性有多少？真的去看。这真的那么重要吗？当然你不希望它发生，但如果发生呢？难道是人生的终结吗？这真的是你人生当中最重要的事情吗？

如果最糟的状况发生，有像你之前想象的那么糟糕吗？就算它真的很糟，它是暂时的还是永久的呢？去看一看。

如果这件事情真的发生了，你会怎么解决，你会怎么存活，你会怎么面对？

记住：成功者，他允许最坏的结果发生。

变困难为挑战，赶走负能量

我们头脑的职责就是解决问题，"哪里出错"是它的目标和兴奋点。你去留意，当你解决一个问题后，头脑会立刻扫描，寻找下一个目标："人手短缺这个问题已经解决了，看看还有什么问题需要解决？"它一定要去担心点什么，抱怨点什么。

这是头脑特别的一套语言系统，这是无意识的，无需批判。但它让你在无意识中专注在负面的图像上，会吸走你的能量。想一想，每天一睁开眼，就要面对问题丛生、麻烦不断的状况，你会不会感觉有压力，会不会焦虑？

你的恐惧/担心是什么？

如果做一个练习，你就能很清楚地看到这一点。

闭上眼睛，想一个问题，这几天一直盘踞在你的头脑中的问题，它肯定是你不喜欢的，你觉得很难；它可能是一个大问题，也可以是一个小问题，去选一个。然后睁开眼睛，找一个倾听的伙伴（留意一下，是不是有一个无意识的声音，"我希望别人来找我"。你是不是值得拥有一个好的伙伴？）对他讲这个问题。他无需做任何回应，听着就好。

把你所有的恐惧都讲出来，你担心事情会出什么错，或是会遇到什么样的困难。留意一下，你在讲述的时候，头脑是很享受的。你可以一直讲一直讲，你大概会留意到，头脑真的很喜欢讲这类问题，尤其是女人。

但身体的感觉呢？当你想到这个困难、这个问题的时候，你的能量如何？是沉重的还是轻盈的？你对于处理这个问题的态度如何，是乐观的还是悲观的？你觉得是很困难的还是很简单的？

改变三个词，改变能量场

如果我们转换一种语言系统会怎么样呢？现在就尝试一下吧。

再讲一遍那个问题，但是改变三个词：

"问题"改为"情况"；

"困难"改为"挑战"；

"但是"改为"而且"。

留意一下，跟前一次相比，当你想到这种情况，是沉重的还是轻盈的，你觉得更简单了还是更困难了？当你想到解决方式的时候，是更乐观了还是更悲观了？

是的，语言会让人感觉沉重。"问题"和"困难"等于贴上了一个标签，一个沉重的标签，就好像"失败"一样。它们都只是一个标签，只是一个词。

你做一件事情，它出现的结果不是你想要的，这是一个事实。你可以选择放什么标签在上面。你说，"哦，我失败了"——你无意识的头脑经常会这样做，"看，你失败了"，然后立刻影响你的情绪。你也可以说，"哦，这样行不通"。同样的情况，你可以给它贴上这样的标签，"失败""困难""问题"，或者说，"这样行不通""这是一个挑战"。

我们回想一下爱迪生的故事。爱迪生花了多少个小时让一个灯泡亮起来？他做过成千上万的实验。太太受不了他了，同事也受不了了。终于有一个同事对他说："你干吗不面对你的失败？放弃你的实验吧。你那么多次实验都不行，那就是失败，多数人都放弃了。早在一万次以前就放弃了。"但爱迪生说："我没有失败，我只是发现了一万种行不通的方法。"看出来了吗？所以他就有继续干下去的能量。

很多时候，是你选择要贴上去的那个标签给你带来了恐惧，给你带来了沉重的能量。试一试，你可以抛开"困难"，或者"失败"，把它改为"挑战"，因为这种情况就是一个挑战。

　　还有"但是"，真的很吸能量，它代表一种拒绝。你要说"而且"。

　　身处某种境况当中，你觉得它很难，它就一定很难；如果你觉得它是一个挑战，很兴奋，那你一定能从中学到更多关于自己的东西，它就会变得简单起来。情况还是一样，但你面对它的态度不一样了。这也是成功人士的秘诀之一。

用爱和尊重教会身边的人支持你达到目标

我们都是社会人，没有人是一座孤岛。在追求目标的过程中，很多人、很多因素会影响你。那群人里面肯定有你的父母，他们给了你无意识态度；还有你的伴侣和孩子，尽管他们没有在你的无意识里面，但他们在你的人生当中；还有在一起工作的人，他们可能支持你，也可能限制你。

你跟目标之间还隔着什么？

在工作坊中，我们曾经为一位女士排列过她在追求目标中的诸多阻力。

这位女性，她想为家人提供更优越的物质条件，于是为了一个目标拼命努力，上班、辛苦加班。可是，她没能得到足够的支持和理解。

她的丈夫想：要是妻子太能干了，将来远远超越自己，岂不是会另找他人？于是双手按住她的双肩。

她的父母想：女人就该在家照顾孩子和丈夫，出去抛头露脸，有这个必要吗？而且万一把钱投进去收不回来怎么办？于是他们一人拉住她的一只胳膊。

孩子想：妈妈一天到晚都在上班，从来不陪我，家长会也不开，妈妈心里没有我，妈妈不爱我了。于是上前抱住她的一条腿不让走。

事业伙伴想：每天就知道给我们布置那么重的任务，也从不体恤我们，遇着丁点儿事就大呼小叫的，从来不尊重我们，干脆故意给她出点岔子。于是上前也去抱住一条腿。

整天天昏地暗地上班、上班，她的身体有些不适了，最后倒下了。

目标就在不远处，但眼前所有的一切都证实：目标无法实现，而且消耗着她大量的能量。

当一个人非常专注地追求目标时，他的伴侣可能会觉得被忽略。这时候他可能说，"你花在工作上的时间比陪我的时间多，你不爱我"。或者他担心你变得很成功很有钱之后，去找更好的人。当然，这是他们的无意识，当他们有恐惧、有不安全感时，他们就会无意识地去破坏，会抱怨，去吸你的能量——这就会造成问题。

还有孩子，他也需要你的时间和关注。如果孩子觉得被忽略，"你花在事业上的时间比花在我身上的还多，我要你在家里"，他们就会耍性子，吸引你的注意力。

你的事业，需要有支持才能做得更大，你需要有员工、事业伙伴、投资人。如果什么都自己做的话，你的事业就会很小。但是，他们也有自己的无意识和担忧。如果他们觉得没有被尊重，觉得你只是在利用他们，无意识中他们就会破坏你。

还有你的身体。如果你只专注于目标而不在乎自己的身体，"我要战斗，我要专注在这个目标上"，忽略身体，你就会生病、头痛、出意外、精疲力竭……

爱和尊重才能得到支持的能量

一个很有名的研究：成功更大程度取决于EQ而非IQ。财务成功也是一样。这个研究已经复制过很多次。财务上的成功只有15%取决于IQ，取决于专业知识。研究计划策略、知识讯息，对于你的财务成功只占到15%的比重。另外的85%来自你的人际技能，它包括EQ和BQ，也就是你的情商和体商。情商就是怎么管理自己、了解自己，对自己有自信，能够掌控自己的人生；还有重要的一条，就是理解其他人。

如果你不理解人生当中其他的部分，如果你就是忽略他们，能量上他们就会破坏你的事业，尽管他们不是有意识的。

有一个案例，企业主受困于无法扩大经营。代表事业的志愿者反馈说，觉得自己成为被利用的工具。事业代表的是他公司的员工们。如果这些人感觉自己没有被欣赏、被看见，老板只是对目标、对钱感兴趣，对他们没兴趣，他们为什么要努力工作去支持老板呢？

对家人也是如此。我们太容易把身边人的支持当作理所当然。你说，"我去追求目标是为了他们，等我赚到钱我就会给他们。"但他们想要的不是钱，他们希望被你看见，他们希望你尊重他们，觉得他们重要。

想一想，是什么把你往后拖，让你无法达成目标？

你的家人（不是你的原生家庭，而是你现在的家庭）支持你吗？

你对他们说过"你们是我最重要的人，我爱你们，我离不开你们，我想得到你们的支持和理解"这样的话吗？

你是如何获取同事支持的？当你需要下属承担一些事情的时候，你是如何说的？

比较一下这样两种方式：

1. "我让你做多点""我要你为我做多点""我要你承担这个

项目还有那个项目"。

2. "我真的很欣赏你在这个领域的能力，我觉得在这个方面你更有潜力，你觉得自己可以在这些领域负起更多的责任吗？我觉得你做得到。"

如果你是下属，你希望听到哪一种？

前面提到的那位女士，她看到了自己的傲慢，她对这群人真诚地表达了自己的爱意和尊重，这群人也给了她真正地理解和祝福。当他们将自己有力的手掌全部放在她的后背，给她支持的力量时，她感觉到自己充满能量。

相信，有了这股强大的力量支持，她会很快实现自己的目标。

练习 2

探索无意识态度如何影响你跟金钱的关系

你对金钱的这些无意识态度会不会影响你与金钱的关系？如何影响？我们可以通过一个练习来呈现。

找一个人，让他代表金钱。

你非常诚实地说出自己对金钱的态度。（你写下来的那些无意识态度。）

"目前为止，我对你的无意识态度是＿＿＿＿＿＿

＿＿＿＿＿＿＿＿＿＿＿＿＿＿＿＿＿＿"

讲完之后，闭上眼睛感受一下：

这些话是如何影响你的能量的？它们让你变得更沉重还是更轻盈？当你有这些想法的时候，想到未来要赚很多钱的时候，你觉得很简单还是很困难？是更乐观还是更悲观？

代表金钱的人什么都不要说，仔细听，等你讲完后，复述听到的一切。

作为钱，天真无邪的、中性的、自在的、想要流动的能量，当你听到这些话，是否想要朝他流动、跟他玩一玩？或者感觉到自己是往后退的？写下你的感受。

这个练习，可以帮助我们看到自己无意识的态度如何影响我们的感觉，影响我们的能量，影响我们跟金钱的关系。

　　有些人会在练习中有一些看似很好的动作，比如一次在工作坊做这个练习时，一个学员拥抱了代表钱的伙伴，看上去似乎她跟金钱有很好的关系。而事实是，她想紧紧地抓住钱，"你永远不要离开我"，这就是她对钱的无意识态度——她变成钱的囚徒。因为她没有准备好让钱去流动，一旦金钱离开、必然焦虑难耐。

第三章

与父母和解，与金钱连接

THE
SECRETS
OF
MONEY

接受父母如实的样貌，对父母说"是"，把对父母的爱从盲目的、忠诚的转化为光明的、理性的，这也就意味着你真的从小孩成长为大人。我们都知道《暮光之城》中贝拉的话："童年不是从出生到某个特定的年纪，而是到了某个年纪，孩子成长并抛弃孩子气的事。"

区别自我与父母，就能拥有与之不同的财务状况

我要讲一讲我自己人生的故事，有的人也许已经听过。

我和我爸爸

我爸爸，我非常爱他，不过我爸爸作为一个生意人是非常糟糕的。他来自一个富裕的家庭。他做过很多生意，但他的生意一件接一件地赔钱，全部都失败，最后一无所有。

我很幸运，天生就有很多的能力，上学对我来说很容易。翻看我以前在学校的成绩单，会发现一个规律：每学期的前半年，我一定是班上的第一名，每年都一样；而到下半年就会变成第二名、第三名，甚至第四名。我从来不允许自己在学年结束的时候还是第一名。

在运动上也是一样，我永远阻止自己做到最好。现在我还

清楚地记得好几个感觉很羞愧的场面。有一次我代表学校参加跑步比赛。一开始我是跑在最前面的，我听到很多同学在为我欢呼，我已经看到终点线了，我心里说"我就是第一名了"，我马上就要到达终点了——然后我跌倒了。还有游泳比赛也发生过类似的场景。

当时我完全不理解发生了什么，这是什么导致的。直到许多年以后，我在自己身上看那些无意识的时候，才理解到这是对我爸爸无意识的忠诚。因为他从来没有成功过，所以在无意识中我也不允许自己成功。当时我完全不了解这一切，但我总是用某种方法来破坏自己获得成功。一旦我理解到这点，我开始清理，尽管爸爸早就过世了。

一旦你理解了，意识到这些，你就可以做清理，像我一样。我知道这样做对我爸爸没有帮助，他也不希望这样。如果我真的爱我爸爸，我应该把他赋予我的生命发挥到最好。所以从那以后，我再也不会自我破坏了，我允许自己成为最好。

你也一样。你头脑里面许许多多的以为是你自己的思想和观念，你的很多判断和选择，还有你行事时的作风，事实上都是你小时候无意识中从父母那里承接下来的。

"我有点像你"

我们来检查一下，看一看你究竟有多像你的父母。拿出一张纸和一支笔，写下你父母的主要特点、态度、习惯，还有你对他们的抱怨和批判，以及他们让你恼火、钦佩和尊敬的事情。

从头到尾一条条地看，并逐一问自己："我是不是也这样？"用心感受后再回答，仓促会让你错过很多东西。

在你回答"是"的地方画钩。

看到了吧，你跟他们有多像！

难道我们就只能重复父母的人生轨迹来过自己的一生吗？当然不是。

在过去的一二十年，科学家们发现，我们可以改变大脑的运行方式。在那之前，我们总以为没有办法改变脑域的运作。不过现在他们已经一再证实，只要我们看到这些旧的神经通路，这些旧的、固定的习惯，保持觉知，加以练习，我们就能创造出新的神经通路。无论现在多大年纪都没有关系，我们可以改变自己的思考模式，改变自己无意识运作的心理和心灵。

想象自己对父亲和母亲说："我有点像你。"这句话能够让你释放。

一旦你能够接受自己在无意识中和父母是多么相像的事实，

你就可以凭着意识去选择清理：哪些保留，哪些收进角落，哪些丢弃。

不要对抗或者判断，你只需要承认这个事实："原来我这么像我的父亲""原来我这么像我的母亲"。

当你对这一点有了意识，改变就已经发生了。你开始区别自我与父母。同样的，你也会拥有跟父母完全不同的财务状况。

接纳真实的父亲，建立新的财富通路

我们的内在都是有空缺的。因为在我们小的时候，我们没有因为如实的自己而得到爱和尊重——这是一个孩子的基本需求，以他们真实的样子被接受，得到尊重和爱。我们都知道，这些需求很少有孩子得到过满足。我们从父母那里接收到的讯息是"你必须成为我希望的样子我才会爱你""你必须活出我的期待我才会爱你"，诸如此类。我们自身是没有价值的，我们必须要证实自己，我们必须去赢得别人的尊重，赢得别人的爱。这些造成了我们内在的空缺。

为了填补这个空缺，我们用了很多方法。比如求助其他人，希望别人能帮我们填补这个空洞："拜托，请你让我对自己感觉好一点""请你让我感受到爱""请你让我觉得受到尊重""请你让我感觉我很重要，我是被需要的"……在人生当中，我们总是希望能够带给别人深刻的印象。

或者用食物去填补："吃东西让我感觉好多了"；有的人是用性爱，通过不断地更换性伴侣来让自己感觉够好；或者是权力，能够支配更多的人；或者是金钱，不断买东西……

问题在于，没有任何其他东西可以填补这个空缺，唯有自己才能填补这个空缺。但，首先我们必须要承认，"没错，我并没有看重我自己"，或者"我没有尊重我自己"，所以才会做出这些行为。

"女孩不值得拥有足够的金钱来过舒适的生活"

有一个女孩，她用尽各种办法，都无法与金钱建立很好的连接。然而她来到我的课上，问的第一个问题却是："我跟我弟弟一起来的，我想为我弟弟问一下……"

我立刻打断她："说一说你自己吧。"我能感觉到，她的无意识里面觉得自己是不重要的，而她对这一点非常生气。无意识是潜藏在底层的，但一定都是有原因的。除非我们看到，否则它将一直主宰我们的人生，我们还不知道为什么。

她的叙述，证实了我的感受。她一直希望得到父亲的认可和重视，但因为她是女孩，父亲根本看不到她，从来没有肯定过她。她当然很生气，当她还是一个小女孩时，她如实的样子是不被接受的。她感觉自己像个受害者，"我很可怜，我不值得拥有足够的金钱来过舒适的生活"。

我们知道，事实上生命当中，女人更重要。没有女人，生命就没有办法延续。只需要少部分的男人，但需要很多的女人，才能让生命延续下去。甚至不需要男人，只需要医院里面的捐精，就可以有新的生命出现。女人当然是比较重要的。所以男人才会提出这样的观念，男人比女人重要。

因为大家都不去质疑，所以这样的想法被一代代传承下来。她的爸爸学习到的就是这样的，在他这一辈还有更早的一辈，大家都相信这样的观念。甚至直到现在，仍然有很多的女人被这种观念影响。这个女孩也被这种观念影响，使她的无意识相信"我不值得，因为我是一个女孩"。

我告诉她："这些并不是关于你的，而是关于你父亲的。他就是这个样子，这就是他学习到的，他对待每个女人都是一样的。跟你没有关系。他是你的父亲，你没有办法换掉他。你能做的就是成长，去挣脱那个无意识的小孩子的故事，这样你才能开始自由享受你的人生。"

其实，她的父亲是爱她的，只是用了不一样的方式。他并没有因为她是个女孩而送走她。他在无意识当中紧紧地抓着那些旧的规矩，但是他依然保护了自己的女儿。我提醒她看到这个更大的图像。

是的，她必须做一个选择：继续对父亲生气，恨他，让自己持续待在痛苦当中——这本不关她的事。或者，她去看到更大的全貌，而不是用小孩子的眼睛：父亲就是这样的人，这就是他学习到的，他有自己的局限性，这是他的事，自己没有错。我知道，这对她非常不容易，因为二十多年里她一直生活在那个旧的受害者的故事当中。

父母就是父母的样子，你有一半来自于他。你说，"我恨你"的时候，"我不要你"的时候，你就否定了一半的自己，也就削弱了自己。如果她选择成长，那么一个新的神经通路就会在那一刻建立起来。

"购物狂"并不会得到真正的满足

曾经有一位四十多岁的男士，他花钱大手大脚，喜欢买很多没用的东西，很苦恼，但买的时候很爽，所以他根本没有办法控制自己的购买欲。

当我们去买那些我们知道自己并不需要的东西时，其实并不会得到真正的满足。我们买买买，把自己变成"购物狂"，只是为了追求片刻的欢愉。很显然，我们是在利用金钱填补自己内在的一个空缺。

我问他："你小时候发生什么事？有觉得受到父母的尊重吗？或者你觉得必须更好才能得到他们的认可？"

他告诉我，他家里有四个孩子，他是唯一的男孩，小时候家里条件很不好，母亲对他非常严厉，几乎从来没有称赞过他。

在传统中国的多子女家庭里，女孩会受到太多的忽视，而男孩则会承担过重的责任。无意识中，女孩是有点嫉妒男孩的，男孩是家里的王子，是父母的最爱。但是女孩没有理解到的是，事实上对男孩来说，他的处境是更困难的，因为父母的期待全部都在他身上。

比如故事中的这位男士，他是家庭里唯一的男孩，也就意味着他是家里的英雄，是家里完美的救世主。但是对一个小男孩来说，要满足这样的期待是不可能的。一个小男孩不可能拯救整个家庭，无意识中他接收到的讯息就是"我不够好"。

二十几年前的中国，一个家庭要抚养四个小孩会遇到很多困难，父母对孩子严厉是很正常的。但是作为孩子，他很难看到这一点。他看到的只有"妈妈没有认可我，她对我好严厉，代表我不够好""我要更好才能得到妈妈的认可"。

那个小男孩他有很多的期待，他身上承受着很大的压力，他已经尽力了，他很真诚。但无论他多努力尝试，就是不够好，永远没有办法得到妈妈的认可。这样就在他的内在造成一个空缺。直到现在，他的无意识里依然在努力地想要得到妈妈的认可。他需要让那个小男孩看到全貌，接受事实——"你已经做得足够好"。

"我不够好"这个旧的讯息已经主宰了他的人生，所以他借由买买买来寻求慰藉。知道吗，无论他做多少，永远都不够。他一直以来都表现得很好，非常负责，他竭尽所能了，但还是从父母那里得不到他想要的，也就是父母的认可。

这就表示父母根本没有办法给他——不是父母不想给，也不是说他不够好。很显然，在父母小的时候，也没有人给过他们认可。如果父母小的时候没有得到过认可，他们就没有学到如何去认可别人，所以也就没有办法给孩子认可。

如果父母在他们小的时候没有得到过爱，他们也不知道怎么爱自己的孩子。

这不是孩子的错，而是父母本来就是这样。孩子花一辈子的时间去争取父母的认可值得吗？当一个好儿子或者好女儿，去负起责任，牺牲自己的幸福快乐，这样合理吗？

我告诉他："你妈妈很严厉没错，但这不代表她没有认可你。她就是那个样子，她没有办法呈现别的样子。那是她的事，不关你的事。你必须告诉小时候的自己：'你已经够好了'。让这句话进去。"

他闭上眼睛，沉默了一会，一字一句地念着："你已经够好了，你对我来说非常有价值，非常重要。"几分钟后，他告诉我，自己感觉轻松了不少。我知道，这代表他改变了那个旧的神经通路。

你有买买买的习惯吗？下一次，当你要去买东西让自己感觉好一些的话，先停下来，去感受内在的小孩，去尊重那个小孩，去认可他。他是一个很真诚的人，他真的很尽力了。去对他说，"嘿，你已经做得够好了，我认可你"。先花几分钟去做这件事情。再看看你是不是真的需要去买那件东西。真的需要，就去买吧。

父母没有办法给出他没有的

日本有一位很有名的作家，名叫大江健三郎。他在文学方面的成就很高，获得过诺贝尔文学奖。但最让我感动的是他与儿子大江光的故事。大江光是一个特殊的孩子，他的智力远远低于同龄孩子，他有智力障碍。但这一点都不影响父母对他的爱。因为大江光受不了学校同学的噪音，大江健三郎和妻子就把他领回家；因为发现大江光对鸟叫声特别敏感，大江健三郎和妻子就对他特别进行音乐方面的引导和悉心培养——大江光终于在音乐上展现了自己的才华。大江光成了作曲家，小泽征尔这样世界级的指挥家都夸他的音乐有安慰人、鼓舞人的力量。

大江健三郎显然是一个非常有爱的父亲。如果再进一步去看他的家族，会发现，大江健三郎的父母，其实也非常有爱。大江健三郎曾经在自己的作品中讲过自己小时候发生的事情。他曾经因为厌倦上学，拿着植物图鉴去认识植物，结果在森林里迷了路，三天后才被人发现带回家。回家后大病了一场，父母精心呵护他，完全没有因此而责怪他一句。因为听到大江健三郎说自己成不了名人，父亲特意带他到当地名人的家里去感受。可以这样说，大江健三郎能爱自己的孩子，也是因为他从小被父母爱过。没有人能给出自己没有的东西，我们的父母也一样。

我见过很多的人，他们汲汲一生始终没有办法享受金钱带来的舒适和美好，真相源于他们与父母的纠葛——他们希望以自己的赚钱能力来证明父母眼中自己的价值，他们希望借由金钱的数目来获得父母的认可。等待他们的注定是失望，因为他们的父母自己就没有得到过这些。

我们怎么能要求一个人给出自己没有的东西呢？

接纳真实的父亲

闭上眼睛，想象你父亲现在站在你的右手边。如果你的父亲在小时候就离开的话，想象小时候成为你父亲形象的那个人。真的感受到他的能量在你的右手边。

当你感受你父亲站在你的右手边，你可能有一些感觉涌上来，或者是拒绝，或者是抱怨，或者你会觉得难过。去承认它们，这些没错。但你现在不需要这些感觉，把它们放下，去体验当你的父亲。如果你有任何批判、抱怨的情绪，你就没有办法成为他。

深呼吸。往右边站一步，感觉你进入你父亲的角色，允许他的能量占领你的身体，感受到你成为你的父亲，不要拒绝他，不要批判他，就是成为他。

去感受他身体的姿势。尽可能成为你小时候记忆里的那个父亲，而不是他现在的样子。去感受，他是如何站立的，他的头是如何抬的，他的肩膀是怎么样的，他如何笑、如何怒……感受他的表情。

感受他的能量。他很自信很坚强吗？还是有点软弱，没有安全感？他是踏实、严谨、自持的吗，还是很爱掌控的？如果他有情绪的话，他会表达情绪还是会隐藏情绪？他主要的情绪是什么，愤怒、沮丧还是哀伤？或者他感觉毫无希望，很无助？

成为他，感受他的身体、他的能量、他的情绪。

用你父亲的姿势在房间走动，完全用他的方式、他的速度走。他是很骄傲的吗？他觉得自己比别人优越吗？或者他觉得低人一等，不如别人好？他是把什么都藏在心里，还是很敞开、很友善的？

他是怎么看别人的？用他的眼睛来看。他信任别人吗？还是他小心谨慎，觉得只能相信自己？他对世界整体的看法是什么？他觉得这个世界很艰难，人生很艰苦，必须奋斗挣扎？还是对他来说，生活很容易？他觉得他必须主宰一切，一切都要在他的掌控下，还是他很随和？他享受他的人生吗？或者他的人生充满问题和责任？

他对钱的感觉如何？赚钱对他来说是容易的事吗？或者有焦虑和挣扎？他在乎钱吗？或者他对钱非常大方？他会把钱花在自己身上吗？他会享受把钱花在自己身上吗？他对非常有钱的人有什么看法？他会信任那些有钱人吗？或者对有钱人充满批判？他觉得社会对有钱人有什么看法？是不是觉得这些人道德不好？是不是觉得有很多钱不好？他跟很有钱的人当朋友自在吗？或者他有点鄙视钱，觉得钱不是高尚的？他觉得自己是成功的还是失败的？成功对他来说重要吗？面子对他来说重要吗？他认为成功会反映面子吗？他觉得成功人士是更好的、更重要的人吗？

　　他对冒险有什么看法？冒险赚很多钱他会接受吗？或者他是比较谨慎的？他觉得守规矩负责的人比较好，还是觉得不按照规矩办事，但能赚到很多钱也是可以的？他的态度是什么？

　　乔布斯和比尔·盖茨，他们从大学辍学，没有完成大学学业，在家里就开始创业。这只是他们想要这样做，不管能不能赚到钱。对这样的人，他有什么看法？如果你也做这样的事情，他对你有什么看法？他会不会觉得这样是不负责任的？他对你的期待是什么？他希望你成为什么样子？

　　感受你的父亲，你的脸上有他的表情。感受他的姿势、他的能量、他的态度——对钱、对成功的态度。

　　他是你成长过程中最重要的人之一，在无意识当中，你承接了很多他的态度、他的想法，还有他的表达方式和行事方法。承认这一点，不要批判。你的爸爸没有错，他会成为他自己的样子有充分的理由。也许他与自己的父亲相似，所以你父亲的样子对他自己来说是对的，但对你来说未必是对的。

　　深呼吸，往左边站一步，回到你自己。带着对你父亲极大的尊重：你不是要与他作对，而是要找到真实的自己，我们要把他的能量释放出来。我们的能量跟父亲的是不一样的。用不同的眼光看待周围，张开手臂，让自己的能量扩展出来。

　　感受一下，当你是父亲的时候，身体的哪一部分是紧绷的？也许是胸膛，也许是下巴，松开来。跟父亲不一样可以吗？要记得不是跟他作对，他是你父亲，这点永远不会变，但你不必跟他一样。

向右边走一步，回到父亲的角色，去感受其间的不同。感受父亲的身体姿势、能量、他的态度。不要批判，成为他。

这只是一种认可的方式，让你承认在无意识中你就是像你的父亲。

左边走一步，再次回到自己。

然后，找一个伙伴，两个人面对面坐下。以这样的句式"如果你认识我父亲，你就会理解为什么我……（一种自己跟父亲类似的特质）"，向对方诉说。不用多做解释，不用讲故事，就是简单的一句话。

比如：如果你认识我父亲，你就会理解为什么我会对钱这样谨慎小心。

然后，对方也以同样的句式说出自己跟父亲类似的特质。

两人一人一句，轮流讲。让自己明晰，从父亲那里到底承接了什么。闭上眼睛，像个科学家一样去感受："原来那些都是从我父亲那里接收来的，我以为那是我的想法和态度，但原来那些都是父亲的。"

不需要像父亲一样才跟他有连接，你们是有连接的，你是他的孩子，这样的连接就足够了。你永远不可能失去这个连接。你曾经像一个孩子般无意识地恐惧——如果我没有像父亲，或者我没有活得像父亲希望的那样，我就跟父亲没有连接——那是孩子式的恐惧。

有意识地看到自己跟父亲是不一样的，让自己的头脑去理解，建立一个新的神经通路。虽然新的神经通路还很纤细，但总归是有了。

你与母亲的关系，就是你与金钱的关系

我们有一半来自父亲一半来自母亲，这是我们生命的根源。如果我们拒绝父母，无法接受父母，也就代表我们无法接受自己，我们就会削弱自己，让自己变得软弱。世上没有完美的人，当然也没有完美的父母。我们要看到，父母已经给了我们他们所能给出的一切。

个人与金钱的关系代表着他与母亲的关系

我看到过很多对父母说"不"的人，他们在这个世上踟蹰而行，孤立无援，疲累不堪。就好像我的一个学员。她与金钱的关系不好，工作很累收入却很少。

多数情况下，一个人与金钱的关系代表他跟母亲的关系。我直截了当地告诉她："你应当谢谢你的妈妈，这就是解决方法。"这个女孩沉默良久，才告诉我，她的母亲有间歇性精神病，她从来不跟别人提起自己的母亲，她特别害怕自己有一天会变成母亲那样。

她的回答也解释了我心中的一个疑惑，她的距离感。在整个工作坊期间，她一直是疏离的，让人很难走近——很显然她是有秘密的。当一个人有所隐瞒的时候，我们就会感觉跟他有距离；如果一个人很诚实、很真实，周围的人跟他就会产生很好的连接。显然，长久以来，她一直为自己拥有这样一位母亲而感觉委屈和羞耻，认为母亲是错误的，她拼命保守着这个关于母亲的秘密，害怕自己哪天也变成母亲那样。这一切都给她带来太大的压力，让她变得沉重。

但是只要她还在推开母亲，她就会越来越像母亲。一直以来就是这样，我们越拒绝一样东西，我们反而给它越多的能量。所以大家才会说，小心选择你的敌人，你会变得像你的敌人，因为你在他身上投注太多焦点了。

母亲会精神分裂有她自己的原因，她的家族发生了一些创伤性事件，她背负了一个很重的负担，但那不是她的错，她并不是故意要变成那个样子的。所以这并不是一件羞耻的事情，做子女的必须看到并尊重这一点。否则，子女就会背负同样的重担。

这个女孩，除非她准备好对母亲说"谢谢你成为我母亲"，她的内在才会真正放松下来。而在那一刻，一个新的神经通路就会建立起来，她也就脱离了命运的循环，获得一种健康的、纯净的力量。

对真实的母亲说"是"

如果我们有足够的勇气，能够诚实地面对自己，我们会看到，对父母的抱怨、对父母的拒绝背后，是一颗充满渴望的心。我们那么迫切地渴望得到父母的认同与爱，但是父母亲不理会也不理解，甚至用一些自以为是的方法伤害着我们。

有一个男性，因为岳父的去世伤心不已，找到我，希望我能给他一些支持。实际上，对于他来说，岳父是新加入的家庭成员。这种非常悲惨的感觉是孩子式的感觉。我猜，他应该是把对自己父亲的感觉投射到岳父身上了，而这跟他的需要有关系。

我问他："你跟你父亲之间发生了什么事？"

一时他的泪水全涌了出来。他的父亲跟传统意义上的好父亲完全不同。他父亲出生时算命先生说他命中克父克母，所以从小就被粗暴对待。长大结婚生子后，他也用同样的方式对待自己的孩子。儿子口中的父亲：暴力、好享乐、不养家，还经常打骂妻儿。

"我 30 岁以前所有的噩梦都是关乎我父亲对我母亲的暴力，还有我母亲的痛哭。"他说，"我跟他一点都不像。"

显然，这就是问题所在。我能感受出来，他的身上带着一些暴力的能量。当一个人有这样的父亲时，本能地，他会拼尽全力让自己不像父亲。但命运就是这样残酷，越是挣扎，越是拒绝，你就会越像他——这是一个孩子跟他的父母连接的方式。除非你先看到，"没错，我有一点像你"，不然什么都没有办法改变。

同时，他要承认父亲施加在他身上的暴力："你是我父亲，你拥有所有的力量，我只是个孩子。如果你想打我，我同意，因为你是我的父亲。"

听起来，这些话很不合理，但非常重要。因为他父亲的确打他了，这是事实，没有办法改变。他当然可以继续批判父亲，说"你是错的，你不应该这样做"，但这样的想法只会让他继续停留在受害者的角色里，继续背负着对父亲的憎恨——而这就会削弱他。

或者，他接受事实，"没错，你是父亲，你有力量，你用了你的力量，我同意。但是我把所有的后果留给你。"

当他真正接受了这一切，他就可以把所有的后果、所有的责任留给父亲，在自己的人生道路上轻装前行。

一直以来，我们对父母的憎恨都被我们冠上了非常合理的理由。是的，或许你的父母不是你理想中的样子，没有给予你所需要的爱与接受……

对父母傲慢、愤怒，这很容易，这是头脑所擅长的把戏。现在让我告诉你更大的真相吧——父母背负了自己的重担，又或者他们从小没有被好好爱过，所以他们不知道如何给予，也没有办法给予。

但他们依然是赋予你生命的父母，这是事实。他们已经给了他们所能给予的全部。如果你能以感恩的心，看到这个大的真相，面对父母给予你生命的事实，你就能改变对待父母的态度和模式，你们之间曾经的芥蒂和冲突都能转化为正面的能量。

我们不一定要爱自己的父母，因为有的父母确实很难与之建立起爱的连接，也不需要对父母的品格或者性格说"是"。但我们必须尊重他们为什么成为那个样子，认同他们是父母，认同他们给予我们生命这个事实。

当你对这个事实有了意识，改变就会发生。你就有可能做出一些完全不一样的事情，一些你从来不会去做的事情。这不是一种反应，而是一种寻找真我的过程，你会去找你跟父母之间的区别，成为一个独一无二的你。

接纳真实的母亲

闭上眼睛，感受你的母亲来到你的左手边。如果小时候没有母亲的话，就去想一个小时候成为你母亲形象的人。

去感受，母亲来到你的身边，站在你的左手边。你会涌起一些感觉、一些抗拒，或是批判，或是怜悯。都没有错，不过这些都来自小孩子的空间。把这些放下，做一个实验，来当你的母亲，以便学习更多关于自己的东西。

深呼吸，往左边跨一步，进入母亲的角色。感受她的能量占领你的身体，感受自己变成母亲，是小时候记忆中的母亲，不是她现在的样子。

感受她的能量。她是沉重的，还是轻盈的？她的站姿怎么样，是挺拔的还是驼背的？她的头是如何抬起的？

在你的脸上感受她的表情。她的表情要表达出来的情绪是什么，是担心的还是焦虑的，是轻快的还是哀伤的，是控制的还是随和的？她是忙碌的、严厉的，还是柔和的？不要批判。去体验当你的母亲是什么感觉。在你的脑袋里面听到她的声音，她最常讲的是什么？是抱怨还是担心？对她来说什么最重要？

睁开眼睛，保持呼吸：让自己成为你的母亲，用母亲的身份走动，用母亲的能量走动，成为她，感受她，用她的眼光看周围的世界。她觉得自己比别人优越，或者不如别人？她对这个世界的观点是什么？她享受人生，还是她太忙？她喜欢控制、支配别人吗，还是很随和？她是坚强的还是软弱的？家庭对她来说重要吗？对她来说最重要的事情是什么？她恐惧什么？会担心别人怎么看她吗？或者她会担心家庭发生悲剧？

她对钱的态度是什么？赚钱对她来说是容易的事吗？她享受钱吗？她享受钱用在自己身上吗？她对于赚很多钱的人有什么看法？那些非常有钱的人，她对他们有道德的批判吗？她跟这样的人能做朋友吗？或者她跟这些很有钱的人做朋友不自在？

家庭跟金钱哪一个对她来说比较重要？对于你把更多的时间花在追逐金钱而不是跟家人相处上，她有什么看法？去听她的声音。"男人这样做可以，女人这样做不行"，她是这样想的吗？她对所拥有的钱高兴吗？她会欣赏、感恩所拥有的金钱吗？听到她的声音，特别是她对于人生、金钱的态度。

她对你的期待是什么？有多少信念是你从你母亲那里承接过来的，而你以为那是你自己的？

你当然从母亲那里承接很多。她是你人生当中的主要模范。母亲在家里的主宰地位甚至高过父亲。

这些对你母亲来说是对的，那是她学到的。但你不是你的母亲。

深呼吸，往右边跨一步，回到自己。把母亲的能量甩掉，而不是跟她作对。你有不同的能量回来吗？你觉得更沉重了还是更轻盈？

找一个伙伴，两个人面对面坐下。

以这样的句式"如果你认识我母亲，你就会理解为什么我……（一种自己跟母亲类似的特质）"，来跟伙伴倾诉。不用多做解释，不用讲故事，就是简单的一句话。

比如：如果你认识我母亲，你就会理解为什么我感觉自己在事业与家庭中被拉扯。

然后，对方也以同样的句式说出自己与母亲类似的特质。

两个人轮流，一人一句。让自己明晰，从母亲那里到底承接了什么。

闭上眼睛去感受：没错，你从母亲那里承接了很多，你以为那些是你的，你以为这是你的想法、态度还有感觉。这一直以来限制了你。但那不是你，那是你的母亲。那些无意识一直主宰着你的人生，影响了你的能量。

不要批判，就当一个科学家，"我认出来了，这些是从母亲那里来的"。

把父母的责任还给父母，不用再对钱焦虑

　　春生夏长，秋收冬藏，世间万物生长皆井然有序。冬雷震震，夏雨雪，秩序反常，必生事端。所以，家族系统的创始人海灵格博士说，"爱是秩序的一部分。秩序是早已被排定了的。爱只可以在秩序的范围内成长。……人要回归秩序，面对真相。"

　　多年的工作经历，我看到太多因为失序的爱而引起的痛苦和泪水。这些人自然是能干而理智的，他们见识广博，很多事情都能处理得非常漂亮。但是，当他们完全依赖自己的头脑，希望成为一个真正的英雄时，却在理性智慧头脑的指引下，一步步让爱失序，使自己的人生越走越坎坷。比如，拼命想拯救母亲的傲慢儿子，全力负责弟弟人生的能干大姐……

拯救母亲让儿子对钱的焦虑

有一位男士已年近 40，他告诉我提到钱总感到压抑，有一种不好的体验；钱多的时候担心失去，钱花出去变少了又焦虑。前面我也提到过，一个人对钱的焦虑通常来自他的童年。我问他："你小的时候发生过什么事情？家里有谁对钱焦虑吗？这个焦虑是从哪里来的？"他告诉我，"妈妈一直生病，经常处于无意识状态，精神状态时好时坏。"

我让志愿者代表他的母亲，进入排列。当母亲的代表一进入，我感觉到了一些异样的能量，这里面有死亡的气息，有非常沉重的负担。我问他："在你母亲的家族中有人非正常死亡吗？是谁？发生了什么事？"

他说："母亲的两个妹妹夭折了，因为疾病和饥荒。"

是的，就是这样，我感觉到母亲受到了死亡的吸引。当一个小孩，特别是在他还非常小的时候，兄弟姐妹的夭折对他而言，是一个重大的创伤性事件。这样就让那个小孩很难享受他的人生，他会感觉愧疚。那孩子会觉得，"我活下来了，他们死去了，这是不对的"，他会有很深的罪恶感。有时候，那孩子甚至会想："干脆我也死去算了，这个担子实在太重了。"当然，这是不理性的，是无意识的。

我加入两个妹妹的代表躺在母亲身边，母亲的手马上抓住了妹妹们的手。之后，母亲的代表和妹妹的代表都表示自己很轻松。但是，儿子却剧烈地咳嗽起来。

孩子在无意识当中会去承接父母的能量，就如同这位儿子正在做的。他的无意识一直在说："妈妈，我替你做吧，不是你来做，而是我替你去做。"当然，这些都是无意识的。

同样，因为母亲的缘故，这位男士跟金钱的关系也有了问题。等到那位男士稍稍平复，我问他："你看着母亲和她的妹妹们，感觉如何？"

"很压抑，我感觉一直有死亡的动力。"他回答。

为什么？因为他想拯救她们。到目前为止，他的无意识一直都在说"我来帮你做这件事吧"。但是这并不属于他，他没有权力这样做。

母亲非常想念妹妹们，她们的过世对她来说是很难受的。作为儿子，他必须尊重妈妈这一点。如果他想要拯救妈妈，帮助妈妈，就是不尊重妈妈。

我告诉这位男士："她背着这个重担是她的尊严，即使是儿子，你也不能把它从她身上剥夺。她会一辈子都背着它，这是她跟她姐妹的连接。她有权利有这样的感觉，任何人都不能把它夺走。对她来说，这点很重要。她对她姐妹的渴望，她跟她姐妹的连接，她有权利有这样的感觉，但是你没有。如果你想帮她的话，就是不尊重她。"

我们在无意识中会专注在负面的图像上。比如这位男士，"我妈妈不好，我必须拯救她"，他的头脑告诉他这样才是孝顺。但真相是，这样做就不尊重妈妈，这样就把他自己看得太重了，他觉得自己必须对妈妈负起责任，觉得自己是比妈妈大的。

父母是给予我们生命的人，在序位上他们永远是大的，孩子永远是小的。孩子必须尊重父母，不能插手父母的命运。一旦孩子抱持着拯救父母的意愿，他就会觉得自己没有任何支持，什么都必须自己来。要留意到，这是他自己创造出来的，因为他把自己看得太重要了。

我直视着这位男士，慢慢地对他说："看着你的妈妈：她经历了那么多不顺利的事情，比你遇到事情要糟糕很多，但她还是继续走下去，她活下来了，而且你看，她撑下来了。即便对她来说，跟着妹妹一起去要简单得多，但她还是有这样的力量继续活下来。

"你妈妈的精神状态有点不稳定，这是她应对这种状况的方式。因为对她来说，负担太重有点难以承受。在忙着照顾家庭的时候她可以暂时忘记。现在她要忙的事情少了，这些又回来了。所以有时候她的精神状态有点不稳定，也许就是她用以应对这种局面的方式，你必须了解。

"她并不需要你拯救。而且她也有权利让她的精神状态不正常，因为这对她来说就是梦魇，从来没有离开过的梦魇。你必须尊重这一点，她就是这个样子。如果你不尊重这一点还要帮她的话，那你要受苦，她的感觉也不好。

　　"所以，你能做的，就是感觉到自己的渺小。你要承认她是很坚强的，她从这么艰难的状况中存活下来，而且她尽她的全力把你养大。"

　　这位男士双手紧紧压着自己的胸口，眼泪默默地流了下来。我知道，对于他这样一个如此忠诚，一直期望成为妈妈英雄的儿子来说，这确实是一个非常艰难的选择。他需要一些时间，但是他必须做出正确的选择。

　　"我真的希望她能过得更好，我真的想好好照顾她。"他哽咽着。

　　这真是一个非常傲慢的想法，他需要更严厉的警告。我直截了当地说："你真的很傲慢，觉得自己可以取代爸爸的位置。你妈妈是嫁给他，不是嫁给你，你只是个孩子，你不能取代他。

　　"告诉你妈妈：谢谢你，谢谢你留下来；谢谢你已经尽了你的全力。我尊重你对你姐妹的爱；如果你想跟她们在一起，我也尊重这一点。你做得够多了。

　　"告诉你爸爸：妈妈嫁给你，她是你的责任。我只是个孩子，对我来说责任太多了。我没有权力认为我可以取代你。"

他顿了好久，说："我把照顾妈妈的责任还给爸爸。"

一个"还"字表明，他还是没有把自己放在孩子的位置。他觉得自己比爸爸还大，比爸爸还懂怎么照顾妈妈，他没有接受他爸爸是他爸爸。显然这也是问题的来源之一。

我打断他："不是你的东西你怎么还回去。那个责任不是你的，所以你也不能把责任还回去。"

孩子对父母有着盲目的、忠诚的爱，所以无意识里面就会阻止自己过得比父母幸福。但是，我们要知道，父母有原因无法享受自己的生命，但是你没有。如果你真的想要帮助自己的父母，你就要去享受他们赋予你的人生，用他们给你的生命去创造一些美好的事物，这样他们受的苦就没有白费。

当然，这需要勇气。跟他们一样受苦反而比较容易。你需要勇气去接受自己的生命、享受自己的生命，然后对他们说"谢谢"。

这位男士必须了解这一点，他不能试着要去改变自己的妈妈，他必须尊重妈妈不稳定的精神状态，尊重爸爸妈妈相处的方式。只有当这些在他的体内、在他的血液里全部运转起来，直到他看到完全不一样的画面，那就意味着一个很大的神经通路改变了。如此，他才能自由享受人生，不用再对钱焦虑。

把自己看得太重会破坏自己的生命力

我知道，中国人是非常讲究序位的，提倡"入则孝，出则悌"，父慈子孝兄友弟恭，因此，很多家庭中哥哥姐姐会自动承担照顾弟弟妹妹的工作。这是非常好的，特别是子女众多的家庭，这样贴心的小帮手真的可以为父母解决很多燃眉之急。

不仅仅在中国，世界上任何一个家庭，美满和睦都离不开兄弟姐妹们的互相帮助和友爱。比如美国的经典小说《小妇人》，二姐乔就是一个善于照顾姐妹们，经常为父母排忧解难的姑娘。当在外工作的父亲病重，需要母亲去照顾时，她甚至剪掉了自己一头浓密的秀发，卖了 25 美元给母亲带去。

但是，照顾自己的兄弟姐妹并不是说要对他们负起父母般的责任。如果这样的话，那就太多了，把自己看得太重了。那样的话，无意识中我们就是在破坏自己的生命力，破坏自己的能量。

曾经有位女士希望我能帮她做一个决定：她的经济状况比较好，弟弟却生活困窘。她帮过弟弟几次，但是弟弟借起了高利贷。"我不能一直帮他，毕竟有界限。但我又不能放任他不管，我不知道怎么办？"她忧心忡忡地说。

　　这样的姐弟我在中国见过非常多。哥哥姐姐帮助弟弟妹妹照顾他们一家子，买房子养孩子……哥哥姐姐们没有意识到的是，当他们给予的时候，其实也给对方造成了重担。

　　想一想，当别人给你一个礼物或者邀请你吃晚餐，你的第一反应是什么？你想要回报对方是不是？送他一个礼物或者回请他一顿丰盛的晚餐。这样，你的感觉就会比较好。直到你回报对方之前，你都会感觉有负担，"我欠这个人一点东西"。你有没有觉察到这一点？

　　给予是比较容易的，这样会让我们感觉良好。如果我们能从对方的角度考虑，永远处于接受的境地感觉并不好。当一个人总是给予我们的时候，他看起来比我们要大，他是在帮助我们。这样其实是有一点侮辱人的。

　　"没有我的话，你处理不了，我来帮你"——这就是姐姐一直对弟弟做的。无意识中，她让弟弟依赖她，但这样两个人的关系就不平衡了。姐姐给予，弟弟接受——这样对方就感受到重担了。

　　我对她说："有没有留意，如果你持续给予一个人东西，一直是同一个人，一开始也许他还是蛮开心的，但是过一阵子后他会开始抱怨，或者向你要求更多。因为他感觉到负担了。

　　"你是大姐，你不用对弟弟负责。但你却用这样一种方式让你自己对他负责。在无意识中，你也夺走了他的尊严。现在有后果了。你能做的，就是去理解，你以为这些是爱，但其实这并不是爱，只是出自于愧疚。你觉得愧疚，因为你有钱他没有钱。"

那位女士一直觉得自己是一个特别尽职尽责的大姐，我的话是她从来没有听过的，她沉默了很久，一句话都说不出来。真相总是让人难以接受。她需要更直观地看到问题的核心。

我找来一个志愿者，跟她一起做练习。他们面对面，双手放松放在身体两侧，眼睛看着对方，保持眼神连接，脸部表情保持中性，没有换表情，没有讲话，只是感觉。

我让志愿者心中保持对姐姐这样的想法3分钟："我比你懂，我知道什么才是对你好的，我比你成功，我比你好……"

之后，我问她："感受到什么了吗？"

她很不可思议地点点头："'胆敢这样想'，就是我的感受"。

尽管我们什么话都没有说，可别人还是能感受到我们的态度，我们的能量。当我们投射出自己比对方优秀、比对方更好的时候，对方会有愤怒。即便没有说出来，即便帮他给他钱，他依然可以感受到批判，感受到自己没有被看到、没有被理解、没有被尊重。

我问："你对弟弟的感觉是什么？你现在想到什么？谁该对他负起责任呢？"

姐姐哽咽着："我很抱歉，我之前并不理解。"

其实，弟弟对姐姐是有愤怒的，因为姐姐只是一直给予，没有尊重他——姐姐觉得自己比他还懂得应该怎么过他自己的人生。

姐姐在无意识当中让自己承担太多责任，让自己变得太重要了。谁要对弟弟负责任？没有成年的时候是父母，成年以后就是弟弟自己。不过，这也显示，父母没有办法负起责任。所以，姐姐会习惯于对弟弟这样做，其实这也是她学来的。她的功课还是跟父母关系的功课。

她在无意识中，觉得自己比父母能干、比父母有能力、比父母懂得更多，所以她才会越过父母去负责弟弟的人生。而真相是，她不可能比父母更大，因为是父母赋予她生命。如果没有父母，她什么也做不了。

我们通常忘记这一点，觉得什么都是自己努力得来的，都是自己做到的。但是，如果父母没有给我们生命，没有给我们所有这些特质，我们什么都不能做。我们所有的能力，所做的一切事情，都是因为有他们。

对于这位姐姐，我的建议是，把父母的责任还给父母，把弟弟的人生还给弟弟。

告诉弟弟："我尊重你，你有你的理由把自己置于这样的处境。我只是你的姐姐，我不是你的法官或者你的妈妈。所以我没有权力为你的人生负起责任。"

告诉爸爸妈妈："我比你们好。我爱你们，谢谢你们。"

当你感到自己没有支援，什么都要自己来，很累、有很多挣扎的时候，这就代表你把你自己看得太重要了。

你并不是孤单一人，你有父母，在父母的背后还有长长的祖先，你是最小的一位。他们把生命传到你身上。没有他们，你什么都不是，你并不会在这里。

花点时间感受一下，你并不是孤单一人。在这股生命力量里面你是最小的，生命通过一代代的祖先传到你身上。

如果你没有感受到自己很小的话，你就没有办法感受到能量上的支持。要不然，你就真的是自己一人，那就非常难了。

当然，你可能会觉得自己很重要。但那样你感觉到的只是孤单，而不是事实真相。你真的没有那么重要。就算你明天就生病故去，其他人的生活还是会非常好地继续下去。

在你现在的位置上，上百万人曾经生活过、死亡过，谁记得他们？没有人。

你可以把自己当作很重要的人，但同时也会很孤独。或者，你可以享受自己的人生——由你自己决定。

你的职责是过你自己的人生，你不能去替别人过他们的人生，那是他们的职责，你不能剥夺。

　　有一个简单的练习可以让我们连接父母的力量，连接祖先的力量，让自己得到他们的支持。这是一个三人练习。三人一组，分别代表父母和孩子。

　　孩子面向父母，对他们说："我接受你们是这个样子是有理由的，那是你们的问题，跟我没关系，我只是你们的孩子，不是你们的法官。感谢你们给了我生命，把独有的特质和能力传递给了我。"

　　说完这些话后，孩子背对着父母，父母把双手放在孩子后背部。孩子想象着，父母背后有长长的祖先队伍。队伍遥远的后方有一团白色的光——生命之光。想象一下，那股生命的能量通过这些人来到你的身上。孩子往前走两步，父母的双手离开孩子后背，孩子仍然感觉到身后整个家族的力量与支持。

练习 3

认可父母，疗愈你的内在小孩

抱怨和期待是我们一直在讲的故事：为什么上司总是带着偏见，不认同我？为什么伴侣不能无条件地包容我爱我？……是的，旧的故事是比较强的，因为已经抱怨一辈子了。但我们要明白，这都是小孩的把戏。当我们像小孩一样，埋怨父母，把对父母的期待投射到别人身上，只会让自己感觉孤独寂寞，孤立无援，永远都无法得到满足。

大家也可以用这个练习来探索自己的无意识，认识到你对父母有什么洞见。

想象与父母面对面，把对他们的所有批判、抱怨说出来，不要保留，全部说出来。并且告诉他们：

我尊重你的样子，我也尊重你对我有担忧、有顾虑。但是，我有不同的机会。谢谢你，谢谢你给我的一切，让我有机会能做不同的事情。我真的需要你的支持。

不用妥协也不用乞求，只要尊重。妥协乞求，那是孩子的空间。真的看见理解你的父亲和母亲，尊重你父亲和母亲的样子，懂得"我不是法官，我只是他们的孩子，他们的样子对他们来说是对的。如果没有父母的话，我什么都不是"。

你不用爱你的父母，不用买东西给他们，不用赢得他们的爱，只需要尊重他们。如果人们感受到被尊重、被认可，他们就会支持你。

这个练习没有对或错的方式，只是探索你自己。你父母并不完美，也不存在完美的父母，但他们是你的父母，你来自他们，这是事实。你的特质、你的能力都来自于你的父母。你以为你什么事情都可以自己来做，其实不是这样的。

你并不是孤单一人。他们当然都是支持你的。但是如果你拒绝他们，"不，我不喜欢你"，他们就不会给你支持。

假如你看着，这正是发生在你身上的情况，那么你就是在用一个大人的眼睛，而不是小孩的眼睛来看这一切，也就意味着，你内在的小孩成长了。

接下来，有一个练习，可以让你跟父母的连接更进一步。海灵格博士最早把这个练习运用在他的治疗中，有非常好的效果。

想象你的父亲或者母亲，想象他就站在你面前。闭上双眼，放下傲慢和自大，让自己保持谦卑和渺小，感觉自己就像一个需要父母的小孩。

我知道这并不容易，因为你对父母有太多的埋怨。你学到的非常多，你懂得的比他们多，你比他们能干很多，这些想法都会不断地涌上心头。请持续对自己说：我渺小，我无助，我只是一个小孩。

父母没有办法给你他们没有的东西。持续地抱怨是没有意义的，你继续这样就是站在对抗的空间，你就一直是受害者。

当你确实感觉到渺小的自己，睁开眼睛大声地对你的父亲或母亲说："亲爱的爸爸（妈妈），通过你，生命降临到我身上，这是一份宝贵的礼物，就算这是你所能给我的唯一，也已经太多，足够了。谢谢你给我生命。你不用再做其他的。"

然后尝试对他们鞠躬，表示认同，表示感谢。他们赋予你生命，这是一个事实。而生命就是你这辈子得到的最宝贵的礼物。

是的，你可以不爱他们，因为有时候他们确实没有办法令人喜欢。你只需要接受，他们就是你的父母。你不需要，更没有权力去评断他们。

假如你能够真诚而且认真地去做这个练习，父母会感觉受到尊重，你也会由衷地感觉放松，一种深层的放松。你会感觉身体有一股新的力量进驻，自己变得更有力量。

因为向父母表示认同、表示感激的同时，也就认同了你的一半来自他们的事实，也就等于接受了一个完整的自己，包括一直以来否定他们那一部分的自己。

这个练习不是一蹴而就的，需要你尝试很多次，渐渐地，你会看到效果。

不要去判断，只要明白你只是过分执着于对父母的埋怨。如果你仍然对这些埋怨耿耿于怀，你和父母的不健康抗争将会持续下去——因为你有一半来自你的父亲或者母亲。

如果可以的话，试试对你的父亲或母亲说，你就是最适合我的爸爸（妈妈）。重申，这样做只是再一次认同，没有你的父母也就不会有你这个事实。

这个练习或许让你看到，你在认同父母的过程中，是否会被无意识念头所打扰。这些念头每一个都有很好的理由。假如它们在这个过程中真的出现了，不要去判断它们，只是去注视它们，这些创伤制止你靠近父母，让你跟父母一直抗争，你必须放下。在你能够放下之前，你不会有完整的力量，你会感到你的根基在动摇。

生命当然想要支持你，你是生命的产物。但是如果抱怨父母的话，他们当然无法支持你，因为父母是你跟生命的连接。去感受那股能量的支持，持续感受那股能量的支持。感觉你踏入你的人生，跟父母离开一点距离，但同样能感觉到生命的支持。

如果你感恩的话，你是可以往前走的。你可以很好地过自己的人生，你可以去接近你的目标。当你感觉疲累，没有任何支持的时候，去觉察你是不是在抱怨你的父母，你是不是太过傲慢了。

感恩是非常有力量的，而且不需要一毛钱。你只需要放下一点你的骄傲和抱怨。

第四章

勇于改变，才能真正享受金钱

THE
SECRETS
OF
MONEY

"当我的房子烧毁了，我就可以更清楚地看到月亮。"我很喜欢这句禅语，它给出了让我们免除压力的绝美路径。过量的压力会成为身体的毒素，我们必须清理出去。成功从来不会存在于重压之下，只会在滋养和支持中发生。

哪些压力让你无法定下赚钱的目标

很多人相信一句话"有压力就有动力"。甚至故意"好心"地给一些人或者自己施加压力。确实，有时候压力可以让我们爆发出超强的能量。

压力能让人瞬间爆发超大能量

就像前面说过的，一旦我们感觉到危险，我们的身体就会有一个"战斗—逃跑"的保护机制，它让我们变得更灵活，力气更大，跑得更快。有报道说，有一位妈妈，她的小孩被卡在车子下面，为了救自己的孩子，她甚至可以把整辆车子都抬起来。那个时候，她的身体就是处于一种压力下的巅峰状态来处理危机。在那个时刻，她身体的压力荷尔蒙，也就是肾上腺素和可体松，也释放出来，这些压力荷尔蒙能帮助我们面对危险。

我们身体的这种设计是让我们在危险状况中把释放出来的

压力荷尔蒙都用掉。无论你是要逃跑还是要战斗，都可以用掉这些压力荷尔蒙，之后，身体恢复到正常状态。

太多的压力并不是好事

只要大脑感觉受到威胁，感觉到有压力，这个机制就会启动，压力荷尔蒙就会开始分泌。在远古时代，人类的压力几乎都来自肉体的威胁。但问题是，现在我们的大多数压力并不是因为肉体上的危险。

每一次当你觉得被人驳了面子，觉得自己的形象受到威胁，有人拒绝你、批评你，大脑就会感觉到压力，并把那认为是一种威胁、一种危险。即使有时候只是别人不认同你的意见，或者说你在上班的路上，快要迟到了；又或者你在开车，路上塞车，在方向盘后面，你的大脑也会感受到威胁，身体因此产生反应，分泌压力荷尔蒙。

就算你回家，在家看新闻、看球赛或是看电影，当你看到进球的时候，或者听到一些特殊的新闻、看到一些暴力的镜头，你留意一下自己身体的反应，是不是会屏住呼吸，肌肉开始紧张？尽管那些事情不是发生在你身上，你的头脑还是会把它视为一种威胁，你的身体也会随即产生反应，分泌压力荷尔蒙。

这样的状况一天会发生很多次。我们很少会觉察到，更没有办法做出反应。比如老板批评你，你不能一拳打在他的鼻子上，你也不能拍着桌子跟他说，我现在感受到威胁了，让我在办公室跑一圈吧。

怎么办？对，我们压抑，用呼吸来压抑。事情发生得太快了，我们根本没有觉察到。这代表，每一次压抑的时候，这些压力荷尔蒙都会停留在你的体内，它们没有机会被用掉、被释放掉。本来，它们是让你通过"逃跑"或者"战斗"来把它们用掉的。

任何医生都会告诉你，让这些压力荷尔蒙滞留在你的身体里是有害的。已经有很多医学实验证明，相当多的病症与我们排泄不掉的压力有关系。最常见的就是慢性疲劳综合征，它就是因为内分泌系统分泌异常，影响免疫、中枢神经、运动、消化等多个系统。

有时候压力确实可以保护我们，激发我们的创造力和行动力，让我们更成功；但更多的时候，太多的压力并不是好事，它导致很多毒素存留在我们的身体中，无法排泄，影响我们的身体，影响我们的生活。

哪些压力让你无法定下赚钱的目标

在《财富与自由》工作坊，我会让学员们写下自己的目标，但是每次都会有学员无法下笔。比如有太大的目标。有大目标没有错，很棒。你有能量、智慧、创意，你必须要运用这些。但是当一个人目标太大时，他就会有太多的压力，对成功有太多的渴望，这让他无法放松地享受。

有一位男士号称自己的目标是想为这个世界带来更多的价值，似乎他想"拯救地球"。而真相是，他想通过"拯救地球"来获得成就感、价值感。为什么他觉得非要如此才有价值感？是谁在评判他的价值？

我问他："你希望谁对你说'你很有价值，你对我很重要'，'你做得非常好，我以你为荣'？"

"爸爸。"

这才是重点。我们要理解我们目标下面的潜意识是什么，如果不理解，就永远处于压力当中。你会害怕失败，因为你害怕别人会怎么想、怎么说。一旦无意识里，你对自己说"我不能失败"，这就会给你增加压力。

就像上面的那位男士，他的父亲在他小时候显然没有让他感觉自己很棒。所以，尽管这位男士已经成功过很多次了，但他还是觉得不够。因为他的心里说："这不够多，我要努力得到父亲的认可。"他内在的那个小男孩，非常渴望得到认可。他感觉无论自己做了多少，多么努力都不够。

这是真实的需求，并没有错。但是，他永远不会得到。

只有当我们离开这些压力，用更积极的能量去追求，人生才有可能出现新的转机。当然有时候不会足够顺利，但是终究会开始。

当然，我们有一些办法可以解决这些压力。美国斯坦福医学院的一位精神病专家指出，当你大笑时，你的心肺、脊背和身躯都得到了快速锻炼，胳膊和腿部肌肉都受到了刺激。大笑之后，你的血压、心率和肌肉张力都会降低，从而使你放松。

还有运动。后面我们会介绍一种非常好的办法，比如动态静心，坚持下来会有一些难，但真的非常管用。

以下 13 个问题，如果全部都是肯定的回答，表明你真的压力很大，需要专业的帮助。

1. 你是否会为很细微的事而烦恼？

2. 你是否有点神经过敏？

3. 如果遇到阻碍，你是否会感到很不耐烦？

4. 你是否会经常对事情反应过度？

5. 你是否容易心烦意乱？

6. 你是否很容易受刺激？

7. 你是否感觉自己长期处于高警觉状态?

8. 你是否很容易被激怒?

9. 你是否很难让自己安静下来?

10. 受刺激后,你是否能做到平心静气?

11. 你是否很难放松?

12. 你是否经常忐忑不安?

13. 你是否很难忍受工作时遇到阻碍?

当你不害怕失去财富时，你才能真正得到财富

如果事情一切顺心如意，你就什么都不需要去做，什么都不需要去改变。但是当事情出岔子的时候，发生了我们想不到的事情时，出现不符合我们理想图像的时候，我们才能体验更多，才能真正成长。

我们需要从不同的角度来看世界。我们要把自己的视野扩大，寻找新的解决方式，寻找更好的创意。我们就是这样成长的。如果人生中没有任何事情出岔子的话，你的人生也许平顺，却也寡淡无趣。

当状况不对时，其实是一个机会、一个挑战

看到事情有些不对劲，其实是一个机会、一个挑战，这也是成功人士能够成功的关键之一。有句禅语，我很喜欢：当我的

房子烧毁了，我就可以更清楚地看到月亮。

房子烧毁了是一种状况，是一个需要我们面对的问题，"好难、好担心"这是一种态度；或者你可以说，"哇，我从来没有留意过月亮这么美"。当你要面对这种状况的时候，哪一种态度给你更多能量？哪一种态度会让你面对这种状况的时候更轻松？显然，选择第二种态度，你会拥有更多的能量。

成功者从来不会拒绝挑战，即使身处困境，也会坦然接受。大家知道泰国商人施利华吗？在一次金融危机中，他破产了。对一个商人来讲，这真的是一个非常巨大的打击。很多人会因此一蹶不振。但是施利华并没有将此视为人生末路，他说："好哇！又可以从头再来了！"并且，他真的放下之前所有的一切，从容地在街头贩卖三明治，并再次获得成功。

接受负面事实，不让头脑得逞

就像我之前讲过的，在事业上如果你想要达到一个大的、好的目标，那当中就会有风险。可能发生很多你计划之外的状况。你当然不希望这些发生。但这是经营事业的一部分，很多事情是你无法控制的。

尽管你不希望，但是事情已经发生了。我们是一个受害者吗？或者我们承认自己失败？这取决于我们如何诠释它。

我们体验到痛苦或者恐惧，这是很常见的，这些完全基于我们对情况的理解而衍生。就好像我们错过了一班非常重要的飞机，这种事情非常常见——我们没有办法做任何事情去改变它。你可以像热锅里的蚂蚁一样，头脑里出现各种可能或不可能发生的问题。但这样于事无补，而且会让你无法找到乘坐另外一种交通工具的方法。

我们也有另外一种选择，接受事实。好的，我错过了飞机，我要让自己冷静下来，看看有没有其他的解决办法。我们知道，现在中国的高铁非常发达。

但是，我们的头脑会竭尽所能地把你抓进状况里，尽其所能地找各种问题来消耗你的能量。我们不能让头脑得逞，这需要我们带着觉知。是的，事情出了一些麻烦，但是我快要死了吗？生命还在继续……我们要把所有的能量投注在身上，让自己变得更有适应能力，而不是抱怨或者恐惧。

有一个学员是很成功的生意人，盖了很多大建筑，赚了很多钱，但是压力很大。他理解到，如果他损失了一切，他就可以去做他一直想做的事情，就是去当养鸭农夫。他后来才发现，每一次他盖了一座很大的建筑物时，就设想，我也许可以把鸭舍盖在这里。但是他一直都没有时间，因为他一直很忙很忙。

所以，有时候如果事情完全失控，我们损失了一切，反而给我们机会让人生完全转向。

对焦虑说"是"，我们的能量立时改变

想一想，你在害怕什么？你可能在害怕，如果没有达成那个目标，会很丢脸；也许你害怕赔钱，或者失去朋友；也许只是简单的害怕，不敢去要更多钱。他们说：

我的工作就是给人做个案，但是我恐惧我会失败，我不行。

我跟朋友做了一个投资，我害怕投资失败，没有钱也没有朋友。

我做了一个一千多万的投资，我害怕投资失败，失去我现在所有的一切财富。

我恐惧开始新的生活，母亲不接受。

我恐惧生完孩子之后的几年什么也做不了，恐惧自己没有办法再回到职场。

我和别人谈融资的时候，心里恐惧。我很害怕跟别人借钱。

……

是的，有这样一件事情，有风险牵涉其中，你不确定结果是什么，感觉焦虑、恐惧，压力重重。

去想象，在这种状况当中可能发生的最糟的事情是什么？允许自己看到。有什么可能出错？从你的无意识当中，把所有的恐惧挖出来。

你会损失什么？你可能损失财产，你可能损失人际关系，你的颜面、你的尊严，也许可能打扰你的家庭。

用你的头脑分析，还有什么不好的后果发生。留意脑袋里想要什么，并在本子上写下来。

允许自己去想象，最糟的状况已经发生了。不要放空。去看那些最糟的状况发生了，你最害怕的梦魇成真了，就仿佛它真的发生了一样。

不是你希不希望这件事情发生，你当然不希望。但是如果它发生了，你愿不愿意去面对，去解决？你愿不愿意冒险犯错？要知道，一旦你决策错误，可能赔掉所有的钱，失去爱的人……你愿不愿意让这些事情发生？

如果事情不是按照你想要的方式发展，当你说"是"的时候，你的内在会发生什么变化？你的最深层是不是放松下来了？

当然，如果你没有办法说"是"也没有关系。去留意，如果你不愿意接受这些事情发生，你就让你的人生变得很小、很受限。你就会永远生活在压力当中，因为这些事情确实是有可能发生的，你就会永远害怕这些没有发生但可能发生的事情。

你有没有发现，如果你愿意说"是"，你的焦虑、紧张就消失了。恐惧正来自你不希望它发生——但很多事情是你没有办法控制的。

再想一下，这件事发生的可能性有多少？写下来。真的去看，如果发生了，难道就是你人生的终结吗？

如果最糟的状况真的发生了，像你之前想象的那么糟糕吗？就算它真的很糟，它是暂时的还是永久的？

如果这件事情真的发生了，你会怎么解决，你会怎么存活，你会怎么面对。去看到这一切，也许很多情况就改变了。

感觉如何？是不是焦虑少了，有一些放松？

人生当中很多的焦虑，就算你没有察觉，它们一直在吸引你的能量。去找一位伙伴倾听就好了，向他简短讲述你最大的恐惧是什么，可能出现的最糟糕的状况是什么，你如何去面对。然后把眼睛闭起来，感受一下：你对它的焦虑，你对它的感觉。

想一想，如果这件事发生了，你从中可以得到什么？

事情出错的时候我们才会成长；当事情不顺我们意的时候，我们才会发展出内在的力量或新的资源，甚至是人生全新的方向。

闭上眼睛去看，如果这件事情发生了，你从中可以学到什么？你可以发展出什么新的特质？也许你会发现自己的独立，也许你可以得到更多的自信去过你的人生……

你从中可以学到什么？也许是一个触动、一个转化，让你更了解你自己，让你有更多的时间可以跟自己在一起……

去留意，当你有勇气去面对各种状况的时候，焦虑就不在了。焦虑的产生是因为我们不愿意面对。如果我们愿意去面对，焦虑就只是一个挑战，我们的能量也会立刻改变。你不会待在受害者空间。

是的，如果你一直害怕这种事情发生，你就是在受害者空间。

对改变说 "是"，活出生命的活力

生命是不断变化的，是不确定的，这就是它的本质。如果我们接受生命的不确定性，随之而来的唯一办法就是勇敢地对改变说 "是"，悦纳生命带给我们的一切漂浮。

舒适区也是限制我们的监牢

我们每个人都有一个心理舒适区，就好像我们所拥有的一切：每天在熟悉的家里醒过来，做一份得心应手的工作。在这个区域中，我们会感觉舒服放松，很自在。一旦走出这个区域，我们会感觉不舒服、不习惯，焦虑不安。

这是自然的。头脑只对过去有经验，并且把过去的经验投射到未来。它对 "明天" 一无所知。

我们想出种种办法来保证这种稳定性：比如各种商业合约、

保险、证书……我们如此看重物质和他人。我们拥有的越来越多，我们的恐惧也越来越多，因为我们拥有的同时也就注定了失去——当我们站在死亡面前时，任何东西都带不走。

事实上，舒适区并没有那么舒适。你觉得舒适是因为你觉得熟悉。它带给我们安全的假象，却也是我们的监牢、我们的限制。

我记得有一位女士为了自己与伴侣的关系向我求助：她的丈夫脾气暴躁，她下了很多次决心要离开他，但总是在最后一刻失败。

我看到的真相远远比她描述的境况复杂得多。其实，受害者就是她的舒适区，正如暴力就是她伴侣的舒适区一样。如果脱离那个受害者的角色，她的内在是不舒服的。通常，有暴力倾向的人，他们会选择受害者当他们的另一半，而受害者也会在无意识中选择会虐待别人的人来作为自己的伴侣。因为那是他们懂的，那就是他们的舒适区——就是因为这样他们才选择了彼此。

可见，"舒适"是需要付出代价的。我们都知道"温水煮青蛙"的故事。突然被投入沸水中的青蛙可以成功跳出来，在慢慢加热的水锅中，青蛙却最终被烫死。

成功者从来不害怕冒险，因为他们知道，生命的本质就是不安全的、不确定的、变化的。

当改变出现，情况已经发生变化，尽管很可能并不是你想要的，但是你必须用自己的能量去面对新的状况。

当然，你也可以抱怨，像鸵鸟一样把头埋起来，期待一切终会回到"正常轨道"。你会感觉到反方向的推动——你的能量会萎缩。

你真的宁愿过那种一眼看到头的生活吗？试试看，未来的所有日子里，日复一日地重复。带上觉知，这样生活几天。

改变并不可怕，事情不一定就会朝向最糟糕的境况发展。如果你选择跳出自己的舒适区，投入新的状况之中，你就会获得真正的自由，你的能量也会聚集起来帮助你应付新的局面。

停止抱怨，找出那些令人满意的部分

即使在最困难的状况中，也有一些事情是让我们恢复信心和能量的——总会有一些什么，如果你用心看的话。

找到令人满意的那部分并不容易。就如我们前面看到的，头脑借着制造问题而得到力量，当你放松和自在时它就会变得衰弱。

假如你停止抱怨，做好准备要停止受头脑的支配，假如你真的敞开自己的心去迎接新的图像，你会发现满足和美好存在于每一个困难当中。

这就好像我们谈论天气。我希望它晴朗无风，好去郊游，但是很不幸，下雨了。美好计划都因为天气而泡汤了，我的心情一下子变得很坏——我完全迷失在头脑中。但这会让雨停下来吗？显然不能。

我非常钦佩南非的曼德拉先生。他曾经被关在监牢中，饱受摧残和折磨，过着地狱一般的日子。当若干年后意外获释，他却从一个愤怒的造反者变成了一位安详而庄严的领袖。在监狱里，他找到了一些东西滋养自己的灵魂，奇迹般地转化了他的能量。

还有谁的状况会比他当年的狱中生活更糟糕的呢？所以，请在你的生命中找到一些让自己满足的部分。

我们只有一条路可以走，就是活在不安全中。改变一直都在，有时它是你希望的样子，更多的时候它是你不想要的。但既然它来了，发生了，无论你做什么它都不会消失。这时候，你可以使用你的能量去面对新的状况，甚至享受其中。你也可以削弱自己的能量，把围墙紧缩，为自己建造一个新的、更小的舒适区。

恐惧和安全就像孪生姐妹，它们总是结伴而行。你永远不知道下一刻会发生什么，当你有意识地跨出舒适区去冒险，你的活力就会回来。

练习 4
动态静心，释放压力，唤醒身体能量

动态静心是一种古老的印度静心技巧，它让我们整个人处于紧张的顶峰状态，从而创造出自发的宁静状态。它有五个阶段。前三个阶段都是为了让我们达到紧张的顶点，最后迎来全然的自在和宁静。

第一阶段，自然地用鼻子深入快速呼吸。尽量让脸部放松，就像在擤鼻子一样。不要担心吸气，它自然而然就会发生。有的人习惯嘴巴张开，没有关系，重点在于吐气要通过鼻子。尽可能深地呼吸，越快越好。让这种强烈、剧烈的呼吸逐渐占满你的身体。

前面我们说过，每一次压抑，那些压力荷尔蒙都会停留在你的体内，成为身体的毒素。在这一阶段，通过深沉而快乐地呼吸，体内长久压抑的压力荷尔蒙，那些被压抑的情绪、毒素都会从身体里找到释放的通道。

这样持续呼吸十分钟。

第二阶段，配合身体去释放。

有一种现象叫第二次体力恢复。当运动员用尽他的所有力气，感觉精疲力竭的时候，如果此时他们突破这个点，他们好像就得到了第二轮的能量，重新变得活力十足。这是一个很知名的现象。可见，我们的能量是一层又一层的。

当紧张的呼吸达到顶峰的时候，我们就会出现类似二次体力恢复的情况。你的头脑将无法思考，而身体好像打开了一个新的能量库，这时候就进入到动态静心的第二阶段。身体会有一些主张，比如想跳舞、摇摆，甚至哭泣或者大笑。听从直觉的声音，积极配合你的身体。

有的人告诉我，在这个阶段时候，内心有隐藏的愤怒和委屈。其实，这部分的重点是不要去想，它根本不需要理智参与。

通常经过第一阶段彻底的紧张，情绪是很少的。所以这时候要做的就是把情绪发泄出去，不要想"我为什么要生气"。如果你的那些故事一直在讲"为什么"的话，其实是在滋养那些情绪。不要去想为什么愤怒，甚至不觉得那是愤怒，只是去感受你的身体想要这样做。如此，你的释放是不一样的。感觉到"我很愤怒""我有恨"，其实是在对抗。

我们只需要释放，而且你可以享受这种感觉。这只是一种能量。情绪只是一种在身体里流动的能量，没有对或错。当我们迷失在那些情绪中、那些故事里，就是在对抗。只要去享受你的能量就好，不要想。

在十分钟里，配合你的身体，让它做到极致，之后就会进入第三阶段。

在第三阶段，双手举起，跳跃，同时喊：HOO！HOO！HOO！HOO！尽可能深入地喊，从腹部的下方喊出来。

我留意到，在这个阶段，对很多人来说跳动似乎会比较容易，他们只是弹跳。如果让脚跟碰到地面，然后再跳起来，感觉到身体的负荷，效果会更好。

双手往上举的时候，尽量举高。有的人说，"手举很高的话，脖子就很紧；手放下一点，脖子就轻松一些"。看到了吧，我们的头脑真的好理性。

你的身体要松，没错，但我们并不是要放松，我们需要有一点力道。把能量向上送，这时候手就是要举高。当我们跳的时候，能量从地下传上来，传到我们的能量中心，撞击我们的能量中心。我们说"HOO"，把手向上抬，能量就能跟着身体向上送。这时候手如果不向上抬，能量就没有上去。

这样持续十分钟。

第四个阶段，停！无论你的姿势是什么，你是站的，或者是高举双手的，保持这个身体姿势，冻结在这种状态中。身体的任何部分都不要移动，去关照你的身体。

我们的身体曾经被头脑严密控制。而现在你会发现，控制消失了。你的身体新鲜、自由、轻盈，你似乎恢复到刚出生时的自己。

当然，你也可能有其他的感觉。总之，观照你的身体，用心不要用脑。

第五个阶段，庆祝。你可以随意舞动，表达你对自己存在的喜悦，并且把这样的喜悦带进你的生活。

动态静心让我们变得更有生命力。

在很早的时候，放松身体并不困难，甚至睡上一觉就可以了。但是随着人类文明的发展进步，它变得越来越困难。大脑越来越多地掌控了我们的存在。晚上，我们的身体躺在床上，但我们的大脑却指挥我们去别的地方。动态静心让我们重新跟身体连接。

有的人在动态静心中觉得很累，那代表对抗。

如果你全然投入到动态静心中，结束的时候你会感觉彻底放松。我们的身体已经很久没有得到过如此彻底地放松，它可能会不习惯这种感觉，就误以为很沉重，想睡觉。去留意，这个感觉是放松还是想睡觉。

如果你确实感觉疲累，其实很少是因为身体的关系。正如之前说过的，因为我们的身体有层层的能量，动态静心的目的就是让你能够接触到自己这一层层的能量。如果你觉得累，代表你在抗拒。

很多人第一次做动态静心的时候，会吓一跳。我自己第一次做的时候也不喜欢。但是没有关系，继续就可以了。后来我意识到，我那时是在抗拒。但是后来我理解到，抗拒反而让我感觉疲累；让自己全然投入进去，去释放，反而容易多了。

当你不想继续的时候，对自己说："没错，我的脑袋是在抗拒。"你必须了解你头脑的一点，就是头脑不喜欢改变，头脑希望一切都在掌控之中，最好一切都不要变。

到目前为止，都是头脑在主宰你的人生。你可以选择听头脑的，变成头脑的奴隶——"好，我不要改变"。或者你可以说，"我要改变，我要让我的生命更好，我要让我的能量回来。"这样就值得你付出一点努力。你自己做选择，这是你的人生，你要维持原状的话，也没有关系。

我们的头脑对于改变是有很大抗拒的，你当然要有点努力，你要预期会有很大的痛苦。我们身体已经武装好了，已经穿好盔甲了。我们有很多的保护机制，很多的防卫机制，我们就躲在刚硬的墙后面，学到很多方法来保护自己，去维持一个良好的形象。这些都在你的体内。当我们去做动态静心，其实是我们去粉碎这些墙，粉碎这些刚硬，粉碎这些紧张。所以确实是很痛苦的。

但痛苦也是好的迹象，这代表有些东西打开了；有些东西溶解了、软化了，我们内在的很多方面不太刚硬了。这就是动态静心带来的痛苦。

我必须说，动态静心是我生命中最有力量的一件事，它能改变身体的能量，改变所有的态度。当我们更有能量时，会更有生命力。这是值得持续练习的，最好能连续三个星期，每天做。

有的人在最初开始做的时候，某个阶段，通常是前三个阶段，会有点恶心反胃。这是好的迹象，代表那些毒素要从你的体内排放出来了。所以，在动态静心后可以畅快地洗个澡，因为毒素就是从肌肤的毛孔出来的。

第五章
身体知道你想要的财富在哪里

THE
SECRETS
OF
MONEY

身体是吃喝拉撒的所在，更是灵魂的居所。你的身体遗传了天生的智慧。而一旦你真正地去感觉它，喜爱它，倾听它，你就会回归。就像那些成功人士一样，他们拥有敏锐的直觉，能感知身体的讯息，他们的身体与心灵之间畅通无阻，自然流动。

改变身体姿势，把借出去的钱讨要回来

大脑影响身体，这是从 20 世纪以来心理学家们一直着力的方向。我们已经知道，大脑会影响我们的感觉、语言、行为等等。有一些人就想，那反过来，身体能不能影响头脑呢？于是他们开始进行研究——研究那些赢家。

一开始，他们研究的是大自然中的赢家。他们发现，自然界的强者，动物们的头领，它们会占据很大的空间，尽管它们的身体不一定是最大的。比如狮子，狮子王头顶的毛发特别蓬松，走路的方式也与狮群中其他成员不一样，占据的空间也更多。而且，它坐卧姿势都是很敞开的。大猩猩的头领也是如此。

接着，他们研究人类。他们发现，所有的运动员，获得成功的时候总会做同样的姿势，双臂敞开，让身体扩展。即便是盲人，一出生就盲的人，他们一辈子没有见到过任何东西，但是当

他们在运动中赢了的时候，他们也会张开双臂，保持敞开的扩展的姿势。神奇吧，他们从来没有看到过别人做这个动作——这简直就是赢家的一个自动反应。

你去看那些很有权势的人，他们都是这样做的。站着时，也会双手张开放在桌子上，他们是敞开的，他们会占据空间。

但是那些输家，无论是动物界还是人类，他们都会尽可能

占据小小的空间。他们的身体姿势是蜷缩起来的。手脚环抱，头低下来，有时候会双手抱头——这是一种缩起来的能量。

研究者们还测量了赢家和输家血液里面的荷尔蒙。他们发

现，赢家血液中的睾固酮浓度比正常水平高，而可体松的浓度则比正常水平低；输家则相反，在他们的血液中，睾固酮浓度低于正常水平，可体松浓度则高于正常水平。我们知道，睾固酮是有力量的荷尔蒙，可体松则是压力荷尔蒙。可见，赢家不但非常有力量，也更放松。而输家呢，他们压力更大。

为了探索这些荷尔蒙的差异是否与身体姿势有关，是否直接影响行动的成败，他们还做了另外一个实验。他们找来一群人，让一半的人做成功者姿势：下巴稍微抬高，身体舒展，手指张开。让另外一群人，做一个没有力量的失败者的姿势。他们各自保持自己的姿势两分钟，然后测量他们体内血液中的荷尔蒙浓度。测试结果发现，做有力的赢家姿势的一群人，他们的睾固酮浓度有了提升，可体松浓度却下降；而那些做失败者姿势的人，他们的睾固酮浓度下降，但可体松浓度却提升了。当然，这种荷尔蒙浓度的变化只是暂时的，因为一会儿大家就会回到自己旧有的习惯中。

之后，他们又做了一个实验。他们让一些人去面试一个工作。他们提前告诉面试官，面部不要有表情。这样对面试者是很有压力的。如果你要去面试一个你想要的工作，你就会想方设法让面试官惊艳——但是面试官毫无表情。

这群面试者中，他们让一部分人在面试中做成功者姿势，另一部分人在面试中做失败者姿势。然后，他们拍摄下这些人的面试过程。接着，他们把录影带给五个完全不知道实验过程的人看，并问这五个人："你想录取谁？"结果，这五个人都选了做成功者姿势的那些人，拒绝了那些做失败者姿势的人。

是不是很神奇？所以，身体是可以影响你的头脑、影响你的能量的。

当你带着失败者的姿势走动的时候——这个姿势可能来自你的父亲或者母亲——它就会影响你的能量，会让你感觉到身体很沉重，你看待周围的世界也会很悲观。一旦你改变自己的身体姿势，同时你也改变了自己的能量，改变了自己的态度，从而影响你做出的所有决定。我们都知道，同一个人，当他很自信、很乐观的时候做出的决定，与他很悲观、很沉重的时候做出的决定是完全不同的。

双脚打开与肩同宽，站立，手指张开，下巴稍微抬高，让身体舒展放松，让胸腔伸展开来，保持呼吸。这是赢家的姿势，感受自己真的是一个赢家。维持这样的姿势两分钟。

闭上眼睛：留意一下身体的感觉，是不是更挺直，是不是感觉双脚站得更稳。

感受自己："是的，我够好，我尽力而为就够好了。"这不是说服，而是真的感受到这样的事实。

你当然值得，仅仅是被父母生出来就说明你值得过最好的人生。

现在，你可以去做一些平时对你来说很困难的事情。比如有的人不好意思开口向别人借钱，或者把借出去的钱讨要回来感觉很困难的，可以去行动了。

留意一下，你现在做这件事是比以前更简单了还是更难了？你现在是不是更自信了？

跟身体连接，让直觉告诉你如何成功

我想，你已经发现了，要获得金融上的成功并不能仅仅依赖智商。智商确实能为我们带来一些帮助，但并非全都有帮助。比如逻辑，所有的猫有四条腿，但并不是所有四条腿的动物都是猫。所以逻辑并不是永远都对，并不是全貌。成功人士都有很好的智商，他们尊重他人、理解他人，有很好的人际关系。此外，他们对自己也有好的敏感度，他们有敏锐的直觉。他们能感知身体的讯息。

大前研一和清水龙莹都是世界有名的管理学家，他们都认为日本企业在二战后迅速发展的根本原因，是企业家高度灵敏的瞬间洞察力，他们将之称为"第六感"。他们所谓的第六感，也就是我们讲的直觉，也就是体商。

很多管理学家都认为那些成功的企业家依据自己的直觉，才发现了成功的经营模式；而那些依据着某个系统的方法来做战略决策的企业管理者，获得成功的比例要小很多。著名的管理学家阿玛尔·毕海德曾经连续 5 年对世界上 100 家快速增长的企业进行调查研究。他的研究结果表明：只有 4% 的企业家有周密的事业计划。

我们为什么还没有成功？这与被压抑的直觉——我们被淹没的属于自己的智慧——没有充分发展有很大的关系。

是的，我们的头脑多数时候都处于无意识状态。比如你在开车的时候，通常就是自动巡航的状态。开过很长一段时间后，突然有一个惊觉："我忘了刚才过去几分钟了，我刚才怎么开的？"我们多数时候都是自动巡航状态。但突然有一辆车插到你前面，你会突然惊醒，你会自动地转动方向盘，自然地踩刹车，你一阵后怕，"那个人真是白痴啊！"

你根本没有时间去思考，如果先思考就太迟了。这代表从你的感官接收到讯息，告诉你的身体赶快反应，所以它并没有经过你的头脑，头脑是后来才反应过来。所以你的感观与身体连接的方式和大脑与身体连接的方式是不一样的。

我们的智力和直觉与身体连接的方式是不同的。头脑中所有的资讯、知识都来自其他人。当你对某件事犹豫不定，充满怀疑的时候，那就是你的头脑在发挥作用。你的头脑中充满了其他人的声音。

通常来讲，我们根本不知道我们的声音是什么，因为我们头脑中充满了别人的声音。从小到大，我们都活在自己的头脑。

头脑中有父亲的声音、母亲的声音，就算他们不在人世，他们的声音、他们的态度依然深植在我们的头脑里。父亲的态度可能是：要小心哦，不能信任别人，冒险不可以；要按规矩来，要负责任，不能冒着赔钱的风险。母亲的声音可能是：家庭更重要，女人不如男人，你不可能跟男人一样，你的责任就是待在家里照顾家人。

不只有父亲母亲，还有祖父母；老师或者社会媒体上那些有影响力的人物，他们的声音并不一致。一个声音说"要这样做"，另一个声音说"不不，那个才是对的"。我们觉得自己被撕扯，很困惑。

人们都对我们说，去思考，不要感觉；认真读书，不要感觉。于是，我们习惯于相信别人的知识、别人的智慧，而忘记相信自己——我们的直觉一直没有好好发展。

我们不太习惯听到自己的声音，因为别人的声音实在太嘈杂了。但是，当你有种种困惑时，你要明白你的头脑中其实都是别人的声音。

当你学会跟自己的身体连接时，你会发现你的声音就是你的直觉，非常清楚简洁，没有任何画面，只有一个声音——"对，这样就对"，这个就是你的声音。

有人对我说，他特别认同自己的父亲，问我应该从哪里找到他自己的声音。这真是一个非常好的洞见。其实，他自己的声音一直都在。只不过被藏在下面，被那些从他父亲那里学到的东西掩盖住了。但是他不可能失去自己，他的本体存在一直都在。

有句话来自苏菲斯，我很喜欢，"你不可能把潮湿从水中抽走"。所以我们也不可能把事情的本质抽走。他不可能失去自己，只是被盖起来了。他需要做的就是一层层地把这些剖开，让真实的自己展现出来，让自己的能量展现出来。

要做到这一点，第一步，我们要回归与自己最基本的连接——与自己的身体连接。当你不在你的身体里时，你的身体当然无法胜任工作，无法用自己的智慧运行。

千百年来，身体遗传了天生的智慧。而一旦你真正地去感觉它、喜爱它、倾听它，你就会回归。

当你被各种事务缠绕，被种种情绪左右，可以试一试这个练习。

坐下，闭上眼睛。留意从早上开始到目前为止，头脑在忙些什么？有没有把你带到别的地方去？也许它在抱怨什么，或者担心什么，也可能在后悔什么，这些影响到你的情绪、你的感受吗？回到当下，就在这张椅子上，察觉你的身体。

留意一下你的气息如何进入你的身体，又如何吐出去，感受轻松自在的呼吸。你也许留意到身体许多小小的运动。

留意，没有什么需要改变，一切都是如实的状态，一切都是可以的。

当你对一切不适的状态说"是"的时候，留意你的身体，它会如何？

"没错，我就是这个样子，这样是可以的，这一刻没有什么需要改变。"

可能你有一些痛苦，有一些不自在，没错，就是有这些存在。

成功人士跟身体有很好的连接

　　成功人士跟身体有很好的连接，他们的身体跟直觉是同频的，他们信任自己的直觉。我们通常会太专注于大脑，住在大脑中，跟身体就"失连"了。

　　感觉一下你的脚，跟你的脚连接。持续踏出你的脚，感觉每一步踏实地踩在土地上。感觉到你的脚连接到地表，感觉自己靠着两脚在站立。

　　记住这种感觉。我们与脚踏实地的感觉真的"失连"了，我们生活在大脑中。大脑中的信息都来自别人，你的智慧、你的直觉在你的身体中。你的身体由几十兆的细胞组成，每一个细胞都有自己的智慧，真的非常了不起。

　　有人做过一个实验，他们从身体的不同器官中取出细胞，把它放在培养皿里。他们在培养皿里放了一些有害物质，结果那些细胞都远离那些有害物质。后来他们又放了一些对细胞有益的物质，结果每个细胞都朝那些有益物质移动。

身体里面每个细胞都有智慧，那就是你的智慧。但我们不习惯跟自己的智慧连接，太忙着听从自己的头脑。

你的身体知道什么对你来说是好的。如果你真的可以跟你的身体同频，你的身体也会知道，什么样的情境对你是好的，什么样的情境对你是不好的；你的身体知道，哪些人对你而言是可以信任的，哪些人是你需要小心的。

成功人士能够与自己的直觉连接，其实我们每个人都能如此，重点是我们要学习从头脑转到感觉。所以我经常说，去感觉，不要说话，因为说话还是在头脑里面。

我们从小就有敏锐的感觉，一出生自然就拥有。小孩子感觉一切，身体站得很稳，总是活生生的，眼睛闪闪发亮。我们曾经都这样。

学着捕捉到身体给你的讯息。身体其实一直在给你讯息，一直想要帮你，但你就是不听。你头痛的时候会做什么？头痛其实是身体给你的讯息。

它在告诉你：你在对抗一个你不应该对抗的讯息，你必须停下来；或者你在试图改变一件你不能改变的事情；或者你不接受某些你必须接受的事实，所以身体给你一个讯息：停！

如果你继续对抗，身体就会给你越来越强烈的讯息，那你可能常年身体酸痛。如果你还是不听，说"我才是对的，我的方法才是对的"，你的身体就会出现严重的瘫病，或者出意外，让你必须停下来。

所以，当身体拿出"棒子"来敲打你之前，你要学会如何听到它给你的讯息。下面这个练习可以帮助你重新得到身体的启示。

在椅子上坐下来，闭上眼睛，保持身体舒服，坐直。觉察自己这一刻坐在这里，觉察到你的腿，检查一下，你是不是在最舒服的姿势。

感觉你的髋部，你的背，留意一下你的背部是不是有点紧张。放松下来。现在是非常安全的，你可以放松下来。

感觉你的胸膛，你的呼吸，你的胸膛是不是愿意敞开一点。

感觉你的肩膀。肩膀承担所有的压力，所有的责任都在肩膀上。现在允许肩膀稍微放松。感觉到它们从你的脖子下面稍微垂下来，现在没有任何压力。

觉察你的手臂、你的手，很柔软很放松。

把注意力移到脊椎底部，感觉到自己的坐骨，并感觉到用坐骨坐在椅子上。

感觉你的脊椎由坐骨开始向上延伸，觉察你的脊椎两边的肌肉。觉察你的肩胛骨，你的后颈部。留意你的后颈经常有很多压力，它其实想放松下来。

头稍微抬起来，检查一下颈部的感觉如何。

觉察你的喉咙，你的下巴。把嘴巴稍微张开，允许你的下巴放松下来。

觉察嘴边所有的肌肉，你的双颊，你的双颊骨，你的鼻子，你的脸开始放松。

觉察你的眼睛，你的眼睛静止下来。想象一下，在你右眼下方有一个很舒适的小床。允许你的右眼球在那个舒适的小床上好好休息。你可以想象在你左眼的下方有一个很舒适的小床。在你吐气的时候，允许你的左眼球也躺在那个舒适的小床上。

觉察到眼睛周围所有的肌肉都放松下来。把你的觉察通过你的前额，允许你的前额柔软下来。

现在没有什么好担忧的。觉察你的头顶、你的后脑勺。

自己花点时间，让觉察在你的身体中到处移动。

去觉察，今天你的身体哪个部位、哪个器官需要你的关注。当你觉察到后，在内心对它说："我想当你的朋友。我一直让你工作，还没有好好感谢你。在未来我可以好好对你吗？"

然后，等待它给你答案。你得到的答案可以是一幅图像、一种感觉或文字。去察觉，它给你的讯息是什么。

无论你得到的是什么样的讯息，谢谢这个部位。接着你把注意力转到下一个部位，看看哪个部位在吸引你的注意力。去问那个部位，"你需要什么，我在未来如何做得更好"。然后去感受答案。

保持觉察警觉，真的去倾听你的身体，它就会传讯息给你。

五分钟后，将注意力专注于自己的呼吸。感觉到此时此刻在呼吸，吸气、吐气、吸气、吐气。你可以忘掉一切，进入更深层的放松状态。

现在觉察到你的身体是一个整体，是所有部位的一个整合体，日日夜夜为你工作。它是你的家，是你的生命所在之地。你的身体已经为你工作了很长时间，从内心对它说"谢谢"。

然后问你的身体："我未来怎么对你更好？"再一次等待答案，去倾听它、看到它、感受它。答案可能是图像、可能是感觉，也可能是文字。

继续下去，你就可以觉察身体的讯息，一个又一个……

你的身体会告诉你，什么对你是好的，什么对你是不好的；该吃什么不该吃什么；哪一种情况下你应该离开……

再次谢谢你的身体。深呼吸，伸展身体，然后睁开眼睛，回到当下。

如果持续做这个练习，你会越来越接近你的直觉。一旦你跟直觉有很好的连接，你真的能听到身体给你的答案。当你对一些事情有怀疑，停下来，闭上眼睛，花点时间感觉你的身体，然后直觉会告诉你，你该去到哪里。

练习 5
点燃身体能量火，打开能量库大门

听说有一个姿势——"葛优躺"很火。去留意，当你用那个姿势瘫在沙发上，留意自己的身体，你可能觉得身体很舒服，但这样会让你昏昏欲睡。坐直，感受你的身体坐在椅子上。如果坐直你的身体，保持脊柱挺直，你的能量会很不一样，你会更警醒，处理事情更高效。

每个人身上的能量都是一层一层的。唤醒你的能量，去看无意识里面的什么东西让自己想睡觉。你的无意识并不想让你看到它，因为一旦你看到它，它就开始失去掌控你的力量。

有一个练习能帮助你唤醒身体的能量，点燃身体的能量火。这个练习来自中国少林功夫的启发，我将它称作"猛龙攻击"。

第一阶段的"猛龙"，可以把胸膛清理干净。感觉自己的呼吸，气息进去的时候，屏住呼吸，用拳头轻轻捶打你的胸膛，把所有的气息都挤压出来，把内在的坏情绪、不好的无意识念头都清理掉。然后两次吸气，再捶打清理。这样重复做六次。

第二阶段，让"猛龙"把腹中的能量火点燃。双手握拳，左拳在右拳之上，放在丹田前（肚脐下方一点点），两脚与肩膀同宽站立，膝盖稍弯，但上身是直的。这是一个很有力量的姿势，有一点像动态的火。你要感觉自己像一个风箱，拱动内在的火，让火越烧越大。

现在猛龙要把火从肚子带到鼻孔。左拳在右拳上面，吸气的时候手往上抬，脚同时站直。吐气的时候回到这个姿势。呼气的时候用鼻子发出一个喷鼻涕的声音。就感觉你把火带到鼻孔来了，再从鼻孔喷出去。这样持续做七次。

第三阶段，"猛龙"要开始练习喷火了。你开始走动，找到一个对象，用很凶狠的眼神看着，慢慢抬起一条腿，真的感觉能恐吓到对方。感觉你的火从丹田喷出来了，你是"猛龙"。

然后再找另外一个对象，抬起另外一条腿，开始朝选定的对象喷火。

这样持续几次之后，感觉你的身体，是不是更有力量？

当你感觉能量不足以应对某种状况的时候，做这个练习可以让你迅速打开能量库的大门。

第六章

从纯粹的快乐和热情出发，让更多的钱主动靠近你

THE
SECRETS
OF
MONEY

如果想赚很多钱，你要做的第一件事就是不能专注在钱上，因为专注在钱上会给你带来太多的压力和紧张。从纯粹的快乐和热情出发，或者立志于改善大多数人的生活，钱才会主动向你靠近。

要赚很多钱，第一件事就是不能专注在钱上

如果想赚很多钱，你要做的第一件事就是不能专注在钱上。心理学家们研究过一个很有趣的课题：目标和工作效率的关系。研究结果显示，当一个人太想达成一个目标时，他的效率会降低，行动能力会减弱。而处在放松状态下，反而能够取得意想不到的效果。这就好像中国人说的"妙手偶得之"。

赚钱也是这样。当你专注在赚钱上，你就会很紧张，压力很大，就没有办法享受这个过程。而且，压力并不利于成功。

如果你真的想赚很多钱，就必须把赚钱放在次要位置。你可以做自己很热爱的事情，或者你把自己的热忱放在改善其他人的生活上。比如乔布斯，他真的热衷于把产品做到极致。无论苹果的电脑还是iPhone，颜色、棱角，都充满美感。据说，他对苹果iOS操作系统中每根线条的粗细都异常用心。我们都知道，乔布斯时代，苹果公司赚到了很多钱。

专注在钱上，会让你焦虑

闭上眼睛，回想一下，当你只专注在赚钱上时，你的工作、你的事业，让你感觉如何？当你专注在钱上，认为只有钱才最重要的时候，你感觉如何？当事情出错的时候发生了什么？你是不是觉得压力很大？是不是觉得事情让你无法承受，感觉很累，快要被榨干了？是不是觉得自己孤立无援，没有支持？

去回想那种感觉——挣扎着想赚更多的钱，无止境地追逐金钱。去回想，它让你花了多少能量，花了多少时间？是不是超出了你想要付出的那些？

当然，有时候你害怕失败的感觉："如果没有达成目标，没有赚到很多钱，其他人会怎么看我？"留意一下你的感觉，在那些时刻，你感觉沉重还是轻盈？是僵硬的还是流动的？你感觉受到滋养还是被榨干？当你觉得未来还有更多的问题会出现的时候，你可以很乐观地面对它们吗？

睁开眼睛，在内心对自己说："当我想到为了赚钱伴随而来的问题和麻烦时，我的感觉是……"把你所有想到的都写下来。

当你专注在金钱上时，"我必须赚更多钱""我必须证明自己""我必须让别人觉得我很行"，这样你的压力会很大。尤其当事情出错时，你会感觉没有支持，充满无力感。当你处于这样的状态时，当你想到未来的事情时，你真的会感觉非常沉重、非常困难。

去享受你的事业，这是一种很轻松的感觉。如果你感觉到焦虑，那么你就在压力之下。

你的期待在别人的能力范围之内吗？

当你把目标专注在赚钱上的时候，你就看不到其他人。你的同事、你的合伙人，都成了你赚钱的工具。

曾经有开办企业的老板因为事业停滞不前而求助于我。我问他："你觉得生产力停滞是因为什么？是员工的问题还是其他经理人的问题，或者说是你自己的原因？"他倒不推卸责任，认为原因在自己付出太少。

我们知道，只要管理得当，一个老板并不需要把自己一天二十四小时都交给工作。当老板说，"我应该为事业投入更多"的时候，其实是在说"我觉得自己应该掌控一切"。事实也正是如此。他的目标在赚钱，而事业只是赚钱的工具。

事业其实代表了公司的一群人——他的员工以及合伙人。如果这些人感觉自己没有被欣赏、被看见，老板只对目标、对钱感兴趣，对他们没兴趣，他们为什么要努力工作去支持老板呢？

他并不信任自己的员工或者合伙人，所以他没有给他们足够多的责任。"我应该做更多，不然我的工厂不会发展"，无意识中他在暗示，靠员工或者合伙人是做不到的。

我建议他："人们其实很喜欢负责任的感觉。通常，你给别人责任的时候，他们会感觉受到尊重并且骄傲，他们就会做更多。"

成功的老板并不一定事事躬亲。比尔·盖茨每年都有很多休假，但微软依然是世界上利润非常好的公司。当老板不在的时候，公司里其他的人可以负起责任。当然，如果你的员工或合伙人。他没有能力负起责任，也是没有用的。

每个人都有正面的特质和负面的特质。但我们通常不愿意花时间去看一看别人，我们只看自己，我们假设每个人都跟自己一样，也期待每个人都和自己一样。我做事很快，所以期待其他人做事也很快，如果谁没有跟我一样快，那他就是故意"磨洋工"。

公司里的每个人都是独特的个体，有一些事情他们很擅长，也有一些事情他们不擅长。如果老板能花点时间去发现他们的特质，在他们能力所长的地方多给他们一些责任，他们工作的时候感觉就会更好。

这位老板显然没有明白这个道理，他依然在诉苦："我的员工一直在抱怨，抱怨自己干得太多。"

留意一下，人们为什么抱怨？人们只有觉得自己受到不公平对待或是不被尊重的时候才会抱怨。我对他说："如果要求某些人做那些对他们来说不容易的事情，他们就会觉得做得太多。你要用不同的方式去理解他们。你可以问他们，你做这件事情享受吗？我有一种感觉，你做统计是浪费，我感觉你的天分是做销售，你感觉如何？我只是举例，这样他们就会感觉受到尊重。"

重点是看见，而不要把别人所做视为理所当然。但是，如果赚钱成了唯一的目标，你显然看不到其他的。

去觉察，赚钱之下的无意识是什么？

如果把钱当成主要目标，你需要去觉察，在这之下的无意识态度是什么？有的人希望借助钱来让别人觉得自己很棒，或者借助钱来获得自己的权力、荣誉等。

当一个人的荣誉、权力都要仰赖于金钱的话，他就必须证明自己，那他就会去抄捷径。无意识中，他可能采取欺骗的手段，或者去剥削，去占别人便宜。他会破坏规则，会制造品质不好的产品，只为了赚更多钱。这都是无意识中的。

有了这样的行为，他对自己的感觉肯定不好。他会觉得自己很廉价，不会尊重自己，当然其他人也不会尊重他——社会从来不会尊重那些走捷径致富或者剥削别人而致富的人。问题是，一旦一个人这样做了，他就没有办法停下来，他会一直往前冲。因为他停下来，就会很不舒服。

这当然是一种不尊重钱的做法。就像我们之前讲的，一个人通过这样的途径拥有钱也必然会很快失去钱，那些钱会莫名其妙地从指缝间溜走。因为他剥削了别人，总有一天他要还回去（要不他还，要不他的孩子还），他要为此付出代价。

这一点在家族排列中看得很清楚。那些通过不正当的途径变得有钱的人，他们的小孩有很高的自杀率，而且酗酒嗑药的比例都很高——这是天道。

你做的事情给你带来满足感了吗？

你做的事情有没有带给你满足感？如果没有，意义是什么？人生苦短，如果你有满足感，如果你享受你在做的事情，那么与你共事的人、你身边的人也会很享受，他们就会更支持你，为你做更多。如果你没有享受你做的事情，如果你觉得很辛苦、很无力，那身边的人也会有同样的感觉，他们不会享受为你工作。

闭上眼睛，深呼吸，去聚焦你的事业。它给你带来更好的生活；或者它可以帮助别人，让他们生活得更好；或者你真的热爱它，它能发挥你的特质、你的能力。花点时间想一想你的事业、你的任何生财工具，带着这样的态度去想它们：

"我做这些事情是因为……(我爱他们，或者我可以发挥我的创意，或者可以帮助别人，可以让他们的生活更便利)，当我想到这些的时候，我的感觉是＿＿＿＿＿＿＿＿"

事情不会永远按照我们预期的进行。当你在做自己热爱的事情，或是感觉能帮助别人时，当你用这样的态度看待你的工作时，你对未来工作中可能出现的问题会有什么感觉？比以前更乐观、更容易，还是更困难？

当你改变你的聚焦方式，感受会不一样。这时候，当困难出现，我们会把它当成一个挑战而不是一个问题——这就是成功者的方式。

确立一个真正的目标

当然，你需要为自己确立一个目标，一个真正的目标。你的五年目标是什么？你要如何达成你的目标？拿出笔，在纸上写下来。目标没有执行的方法，就是一个梦想。"我要去创业"，这样仅仅确立一个目标是不够的，你必须发展这个事业，一步一步经营它。

如果你很难看到每一步要怎么走的时候，留意你的无意识，其中有一部分是不相信你会达成目标的。不要批判，只需要看到、感觉到。

闭上眼睛，感受到："我知道怎么做，我知道怎样达成我的目标。"

成功人士并不会过多聚焦到目标上，他们把更多的能量聚焦在每个步骤上，怎样达成目标——这才是重要的部分。

闭上眼睛想一想，你已经达成那个目标，这对你意味着什么？你在人生当中实现了什么？你会怎样过自己的人生？想象你现在已经达成这个目标，而不是五年后。诚实地感受，这个目标有没有带给你足够的满足感？还是少了什么？你能允许自己稍微停下来去享受吗？

在本子上写下来：它带给我＿＿＿＿＿＿感觉，但是没办法带给我＿＿＿＿＿＿感觉，还是缺少＿＿＿＿＿＿。

去留意并承认，在目标之下是什么？为什么想要这个目标？

你想要这个目标是因为你想要某种感觉。它是一种价值感、舒服感，或是满足感，受到尊重的感觉……去留意，这些感觉正是你生活中缺少的。找到它，否则你永远没有办法停下来，会在无意识中一直追寻。

　　事实是，如果你从现在的人生中得不到这些满足感，无论你赚多少钱都无法满足这些感觉。这是一个基本规则。

　　有些人可能很难拥有自己的目标，你可以对自己说："我的目标是让我感觉我值得拥有一个目标。"

敢于承认和面对自己的需要，你才变得真实有担当

我知道，有时候我们做一些事情、一些工作，并不是我们想做的，我们甚至开始讨厌自己的工作。但我们仍然留了下来，因为无法离开：因为需要钱，或者需要在履历上有这项工作经验，又或者家里有人会因此而生气……

在这样的状况下，我们应该怎么做？

我们必须承认，我们选择了留在了安全舒适区

首先，我们必须承认，我们选择了留在安全感里。

我不是在质疑这个选择的对错，这个选择可能是无意识的。当我们承认事实时，气愤开始平息。一旦我们对自己做的事情承担责任，就开始摆脱受害者这一角色。

然后，明确讨厌这份工作的原因——感到不被欣赏，或者

沉闷，或是压力，又或是其他原因。

　　无论是什么原因，下一步是要明白，我们还有其他的选择。当然，这视乎我们对自己状况的看法。我们可以选择对自己说老板和同事是混蛋，或者是这份工作没有晋升的机会，等等。以上任何一个例子，都是一个受害者的故事，潜台词是"我没有办法改变这种情况"。

　　另一个选择是，鼓起勇气承认这是自己对所处状况的反应——这的确需要勇气，因为头脑会试图把我们拉回到指责和抱怨上，这样做比什么都容易。

　　如果我们对自己的反应负责任，那么就可以尝试寻找原因，是什么让自己感觉沉闷、气愤、不被欣赏、压力巨大等等——能否改变自己的态度。

　　可以问自己：有没有人跟我有相同的反应？同样的状况对某些人来说是否不会构成问题？我们必须要诚实回答。如果"是"的话，应该问自己，为什么我会有这样的反应？

　　这就让责任回到自己身上，也就代表我们有了选择，有了一个新的立场来扭转受害者的角色。可以问自己：是什么信念造成了我的压力？我给了自己什么样的无意识信息？

　　假如感觉不被欣赏或者不受尊重，可以问自己：我欣赏和尊重我自己吗？对于我所做的，我该怎样才能更加欣赏自己？那些尊重自己又不太在乎别人对他们的想法和态度的人，假如他们处在同样的境况，他们会感觉如何呢？假如他们对自己感觉满意，他们尊重自己又不太担心别人怎么想他们，那他们会有什么样的举止？

如果感到沉闷，可以问自己：是什么让我觉得闷？如果我把这份工作作为一种专注于当下的练习，一个片刻接一个片刻地觉知自己，还会闷吗？我真的不能在这份工作上找到满足感吗？

如果对自己的同事感到苦恼，可以问自己：他们真这么不好相处吗？他们真的没有一点正面的品质可以吸引我的注意力吗？他们只拥有负面品质，还是我看到的只有他们的负面品质？可能，我们会发现自己其实有点嫉妒他们。

即使他们确实是彻头彻尾的无赖，跟我们又有什么关系呢？我们为什么要被他们影响？比如，有的人很有表现欲，如果能接受这一事实不去判断，接受他们这个样子，他们所做的、所呈现的就是他们的本然，我们便不会在意他们，也不会被他们所影响。他们这个样子有他们自己的原因，都与我们无关！如果我们真的能做到以这样的态度看待事物，我们便会安然、放松，这份安然、放松也会让身边的人感觉舒适。

所以，一旦准备好了为自己的反应负责，便会有许多的可能性。我们探索这种可能性的过程会让自己获得释放。因为我们觉知到无意识的概念一直在操纵着我们，而探索把这股凌驾于我们之上的力量消除了。

无意识的概念隐藏在背后，我们无意识地与它合作。一旦我们觉知到这全是无意识在作祟，我们便有了选择——不再继续去"喂养"它们，我们可以选择更有意识和更有智慧的方式——离开这份工作。如果无法胜任工作，或不愿意改变态度，那就冒险去找另外一份工作。这是基于为事实负责所做的决定，我们不对自己做任何判断。

我们当然还有最后一个选择：目前的工作状况是_____(不喜欢和我一起工作的人，或者工作让我受到压力，或者感到厌烦，或者不被欣赏，注意这里面的责任)，而我选择了待在这种状况中（这是件苦恼的事，是不是？但这是事实）。

然后，我们继续抱怨工作，继续气愤和沮丧，继续希望事情会有所改变——但我们很清楚，什么都不会发生！事情不会改变！

我们希望同事改变，但我们必须很明白，他们是怎样的人与我无关；我没有资格去批评他们。换言之，继续与痛苦为伍，做一个受害者。

学会对工作说感恩

有时候，我们还没有给自己许可，让自己去做真的想做的事情，我们会清楚地感觉，自己做着一件不是很热爱的事情。很多人处于这样的境况。

我们要清楚，当自己在工作中感觉沉重、疲累的时候，对工作来讲，感觉同样不好。想一想，到目前为止，这份工作带给你什么：有一份收入，从中学到一些东西、一些经验，可能还有重要的人际关系……不要去专注那些困难，专注在它带给你的，就像你对金钱做的那样。

一位对工作有很多抱怨的学员说，因为工作，她得到了舒适、富足的生活，可以买自己想要的东西，可以给孩子好的教育，还有很多有用的社会经验。这是真实的。只有把关注的焦点从负面转移，我们才会发现这一切。

通常，我们对工作不会感恩，会说"我不喜欢我的工作"，但又无法离开，在我们自己创造的两难中，工作变成了一个负担。如果我们可以对工作说："非常感谢你到目前为止带给我的一切，你已经为我做得够多了。"这就意味着我们不会继续抱怨自己的工作，因为我们有意识要保留它——我们从一个被动的受害者变成一个主动的承担者。

下面这个练习，可以让我们清晰地看到，一个人潜意识的态度是如何影响周围人的感受的。

找一个搭档，保持两个人的距离为手臂的长度，让手可以很自如地放在伙伴的肩膀上。双手放松放在身体两侧，眼睛看着对方，保持眼神的连接，脸部表情保持中性，不要换表情，不要讲话，只是感觉。

放空自己的所有想法，内心保持这样的想法："我比你好，我比你懂，我知道什么才是对你好的，我比你成功。"

保持这样的想法三分钟。之后，让自己的想法变成："我们俩都尽力了，我不完美，你也不完美，我们两个都尽力了，我们是不同的，我并没有比你好，我们都已经够好了。这样就够好了。"保持这样的想法三分钟。

然后双方交换角色。

你有没有留意到，当你的伙伴投射出他比你优秀比你更好的时候，你会生气会愤怒。你要理解，当你觉得你比其他人优秀的时候，你创造了什么。当你觉得你必须要对其他人负责的时候，你就是觉得你比他们好。当然这是潜藏在底层的，是无意识的。

捷径带来金钱，带不来财富

有一个中国的学员对我说过一句很有意义的话："人生没有捷径可走，横着省下的路就会变成竖着的坑。"我深以为然。

捷径不好走

我听过很多关于财富的故事，近些年中国尤其多，大部分都令人血脉贲张，非常积极、有力量，富于传奇色彩。我不得不说，这些故事的主人公很好地诠释了勇气、意志、坚韧等美好品质的内涵。但是，也有一些故事不是那么令人愉悦。中国人讲究天道，只要做过的事情，必然有回响，好的事情回响悦耳动听，不好的事情回响呕哑啁哳，难以入耳。

我们都知道莎士比亚笔下麦克白将军的悲剧。他本是叱咤战场的英雄，因为觊觎表弟苏格兰国王邓肯的王位而杀掉邓肯，自己当了国王。为了掩人耳目，他又杀掉了邓肯的侍卫。为了防止他人夺位，他杀掉了更多的人，他的同僚班柯、麦克德夫的妻子和小孩……最后，在众叛亲离之下，他被人杀死。

捷径真的不好走。曾经有人年过半百，功成名就，却还在为年少时犯下的错误而痛苦抽泣、恐惧、焦虑。就像当上国王后的麦克白，尽管身处高位，但生而为人的良知折磨得他食不知味、夜不安寝。就像希腊女神赫卡忒说的，命运让"种种虚伪的幻影迷乱他的本性"。

走捷径的罪恶感让你害怕金钱

有的时候，在无意识当中，这件事情就发生了。比如，你加入一个公司，事后才发现公司的利润来源不是很干净，作为员工，无意中你成了帮凶。事情发生了，你能做的就是承认这一点：我们抄了捷径，我们负起责任。

感受到罪恶感其实是逃避责任的一种方式。你有罪恶感说明你还没有负起责任。"对，这就是我们干的事。"这是负起责任的一种方式。虽然可能不是你决定的，但最后你还是一起做了。"对，我就是做了那件事情，我是无意识的。"——诚实地承认它，负起自己应负的责任。否则，你还会继续这样做，因为你在无意识当中。

我并不是说外在去负责任，而是说你的内在要负起责任。"对，没错，我做了一件事情，是我自己感觉不好的。"你负起你的责任，让其他人负起他们自己的责任。

如果你只是有罪恶感，那代表你还没有负起责任，所以你还是一个受害者。当你真的承认"对，我在无意识中做了这件事"，你才会看到其他的可能。你可以选择离开这个公司，即使少赚一点钱，但是感觉会更好、更轻松。

如果你曾经主动走过捷径，并因此给其他人带来了伤害，你也会充满罪恶感，你甚至会害怕金钱。曾经有人在年少的时候做过欺骗他人的事情，从此之后他都没有好的金钱关系，因为他充满了罪恶感。

如果你也做过这样的事情，我希望你看到更大的图像。这些事情就是要发生，你当时那样做是有理由的，我们不用去探究为什么，只要去留意"我做了一些事情，让自己感觉很不好"。

练习6
与自己和解、学会真正放下

　　错误已经犯下，事情已经发生，接下来怎么办？你希望自己的一辈子都为这件事情的发生付出代价吗？显然，你还是把自己看得太重要了。这是一个创伤，但是已经结束了。你必须要找一种方法与自己和解。要不然，你没办法得到自由，会继续为这件事情付出代价，这是不合理的。

　　你必须把这件事情清理出去。当你独自一人的时候，比如睡觉之前，你可以在房间里放空自己，然后想一想事件中的其他人——那些被你伤害的人，想象着你站在他们面前，向他们解释当时发生了什么。

　　你要获得他们的原谅。你可以对他们说："好，现在我已经准备好了，我要负起责任。发生的这些事情，我做了什么(或者我没做什么)，我很抱歉。我那时候是无意识的，但是我现在愿意负起责任，并承担后果。"

　　如果你真的将自己投入进这个练习，你就能够真的放下来。事情已经发生，人生总要继续，我们不能永远让自己卡在那里。

第七章

真正得到滋养，享受由内而外的富足

THE
SECRETS
OF
MONEY

其实，以某些标准来看，成功者非常普通，和失败者并无两样。二者之间的区别在于，成功者全然接受生命中遇到的一切，悦纳身上所有的不完美，以一种负责任的视角来观照世界，观照每一个当下。当一个人能够全然接受此刻生命所呈现的样子，喜乐就会在这一刻来临——欣喜于内在绽放，富足丰盛于内在充盈。

重写自己的生命评语

我知道,你对自己有各种各样的评价。现在把它们简洁地写下来。比如:我是微不足道的,我不值得拥有金钱,我总是很穷,赚钱对我来说很难,我是一个失败者……

仔细回忆发生的每一件事:那些可能特别微小,但是可以证明推翻你对自己的评价的事情——你曾经获得的赞赏,你曾经得到的邀请,所有那些让你感觉快乐的瞬间。

你的头脑会适时地打断你,告诉你:"但是……"这是它一贯的把戏,它希望你如同以前一样,迷失在"可怜的、无能的我"的故事中。你要坚定地对自己说"这是头脑",然后继续让视线停留在曾经的事实中。

你曾经在多少次的面试中获得成功?你通过了多少艰难的考试?你能胜任多少份工作?别人因为什么而盛赞你?

全新的视野和角度将会让你意识到,你一直以来抱持的信念，尤其是对自己的这部分信念，并不是百分之百真实的，它们并不是金科玉律。当觉知到这一点，当你有意识地进行考察和验证，它们就会变得毫无根基。

长久以来，关于你自己的那些信念，并不是百分之百真实。我们都知道莎士比亚那出著名的戏剧《罗密欧与朱丽叶》，凯普莱特家族和蒙太古家族有世仇。我们可以再虚构一个充满悲剧色彩的故事：一个蒙太古家庭和一个凯普莱特家庭，两个家庭在同一天同一家医院生下了儿子，由于护士的失误，两个孩子被调换了。凯普莱特孩子来到了蒙太古家庭，蒙太古孩子来到了凯普莱特家庭。

凯普莱特婴儿被当作一个蒙太古婴儿养大，所有关于他是谁，他应该怎样，别人应该怎样，社会应该怎样，他喜欢的不喜欢的，都和蒙太古有关。那是他的身份，他至死不渝相信的身份——但真相是，他是一个凯普莱特人。同样的事情也发生在那个跟他对调的孩子身上，他深深地相信自己是一个凯普莱特人。

所有关于我们身份的想法，你认为的你，认为你身上的那么多不足，其实都是外界加诸在你身上的。这确实是一个好消息，它意味着你可以丢掉它们。

事实的真相是什么？我们可以再回到过去的事发现场。闭上眼睛，找到那个让你产生强烈感觉的时间点，回忆一下，发生了什么，有谁参与了……你再次置身于当初的情景之中，留心那个片刻，你的内心感受是什么？留心，它如何影响你的身体姿势，如何影响你的态度，如何影响你的能量，去感受它对你到底做了什么。是谁让你认同了那个信念？事后你是如何描述它的？你说了哪些话？遗漏掉一些什么？遗漏掉的那部分是如何影响你的？看到了吗？是你自己在滋养那个信念，让它从幼苗变成参天大树。

如果你真的突破，真的改变，那么你就要把这棵参天大树连根拔起。这很难，还会有痛苦。你可以运用自己的想象力来做这件事情。想象力是一个非常有力的工具。

哈佛医学院有一个实验：研究者们让学生想象着他们在一架钢琴上弹奏某个曲子。结果，大脑里管辖手指活动的区域也发生了变化，就如同真的在弹奏这首曲子一样。所以，想象力实际上可以改变我们的大脑通路。

想象一下：你看到你自己在相同的情景中，有相同的人物，不过你带着全新的信念，那些你曾经很希望有的信念。你本来就拥有，你一直就很好。注意，你的身体会有什么感觉，你会有什么样的态度，你会有什么样的行为，你的面部表情如何，你的身体姿势如何……

你很喜欢这种新的感觉，对吧？把它写下来，让它深入你身体的每一个细胞中，让它成为你的一部分。

当然，这有点可怕。那些旧的观念、旧的信念，它们是你的人格，是你的舒适区。丢掉它们你几乎无法看到自己，你有点迷失了自己。那么，你可以对自己说："我还没有准备好丢掉这些信念，我要保留它们。没有了这些信念我害怕失去我自己。"

这是你的生命，也是你的选择。你可以选择让旧的信念栖身于无意识中，不做验证，让它继续操控你的生命，继续痛苦，悲叹人生的失败；或者，你可以带着觉知，走进事件中回顾，看到真相，建立新的信念、新的神经通路。

改变阻止你与财富连接的坏习惯，创造自由的生活

恐怕我们都有或大或小的"坏习惯"，如抽烟、熬夜什么的，而且我们都曾经试图改变这些"坏习惯"，但我敢肯定，很多人没有成功。

为什么？

因为，尽管我们的理性、我们的头脑将这些习惯认定为"不好"，但无意识却有不同的看法。

坏习惯阻止你跟金钱连接

首先，你要承认，这其中有一部分是你自己不想改变。不要批判，这是你的无意识在作祟。我们要看到的是背后的事实：这是你自己的需要。

比如吸烟，很多时候它填补了我们内在某个未知的空洞。

如果我们没有理解这一点，戒掉烟，我们还会用其他的行为来填补它，可能是暴食，也可能是网络游戏，或者疯狂购物。

承认它，其实你自己有一部分不愿意放弃这个习惯，然后跟自己的这部分对话：为什么我要抓住这个习惯？它对我有什么用？或者，它试图保护我什么？之后，静心等待内在的回答。这个回答可能是一些感觉、一些画面，或者只是一些词。

你开始吸烟也许是因为你吸烟会让你的父母焦虑，或者它给你空间，又或者你借以获得休息……得到这些回应，你可能会非常惊讶。这就是事实，你的那些不好的习惯使你免于孤单感和无力感，免于被拒绝或者犯错。

除了行为的习惯，我们判断事物的方式，我们对待外界的态度，同样是一种习惯。这些习惯有的是你认为好的，也有的是你认为不好，想竭力规避的。

那些所谓的不好的态度，同样源于自我保护的需求。

比如：成为一个悲观者，可以让我们免于失望；

成为一个完美主义者，可以免于被挑剔；

优柔寡断者可以免于承担后果，或者因为错误决定而遭受批评；

自视甚高，批评别人，可以免于被羞辱或感觉渺小；

掌控每件事可以隐藏脆弱，免于被嘲笑，避免感觉无能为力；

让自己忙得团团转可以免于空虚，或者孤独；

取悦别人可以让自己感觉被需要；

严肃可以避免被人需要，或者迫使别人更认真地倾听；

帮助别人可以免于发现自己也需要被拯救；

……

确实，这些习惯某方面在保护我们，但是它们也向我们索取报酬。

一个悲观主义者能看到生命给予的机会吗？不可能。

如果我们习惯于承受压力，我们还能平静享受人生的喜悦吗？不可能。

这些习惯是有代价的。它阻止我们跟金钱连接，限制我们享受自由，它让我们堕入自己创造的角色中——永远赚不到钱，不配享受富足的人生，面对人生的问题无能为力……

当你清楚一切的利与弊，改变就会发生

承认这些不好的习惯，它是无意识部分在试图帮助你。友善地承认它是你的朋友，不是敌人，带着感恩的心，尊重它，和它对话，等待它的回答。

这会让你意识到，你的习惯在无意识中做了什么，你为这些习惯付出了什么代价。把利弊逐一列出来，看一看，这些习惯

牵涉到什么。

这些习惯保护你不去触碰那些不愉快的感觉——你的无助感、不满足、被拒绝的恐惧、孤独等；但它也让你失去了很多、身边的朋友、你渴望的爱，或者让你身体不适，它让你缺乏滋养和成就感。

你会清楚地看到，坏处多还是好处多。如果坏处更多，你根本不需要丢弃它，它会自动消失——因为你已经领悟到那个习惯带给你的一切——好的和不好的。

然后，你可以找到替代方法。

比如，当我需要更多的自信时，我可以去回忆以前做得很好、让自己满意的事情：在父亲自杀，家道中落时，因为学业优秀获得奖学金、从而得以进入大学完成学业；从数千名女孩当中被挑选出来，出演一部专业剧；通过执业律师考试，成为一名执业律师和法律顾问；成为一家优秀出版公司的出版人，也是他们的部门总经理，被大众传媒誉为商业成功女性；放下一切住到乡村，成为意料外的针织设计师……

你也可以这样做，把自己过往经历中所有完成出色的事情都记录下来，无论它们多么微小。想象你的父母为你而骄傲，尽管他们没有表现出来。

我们说过，头脑最关注问题，最喜欢负向词汇。这个过程中，头脑肯定也会抛出不少类似的评语："那件事微不足道""这并不能帮助我"……觉察它，然后继续前进。

提供给自己所需要的，这样我们就不必继续使用那些不好的习惯。但是，那些旧习惯很缠人。一旦它们再次蹑手蹑脚地回来，立刻对自己说："停，这是一个旧习惯，它和真实生活中的我毫无关系。"然后立即做一些完全不同的事情。

举个例子，当我感觉沮丧时，这是我的一个旧习惯，我就会立刻跑进浴室一边淋浴一边唱歌。喷头冲洗着我的头发、头皮、全身的皮肤，这真是一种非常美妙的按摩。我想象着这个旧习惯被冲洗掉，这改变了我的能量。如果我感觉愤怒，我会播放快节奏的音乐，并跟随音乐跳舞，有时候舞姿非常夸张，但能让我很快平静下来。

当你的旧习惯出现，去做一些你平时不会做的事情，这样会扰乱常规，让坏习惯远离你。

当心，不要制造新的习惯。例如，你每次愤怒都长跑，头脑就会把长跑与愤怒连接起来。充分发挥自己的创造力，我知道，你一直都有。

记住，不要因为你的习惯而判断自己。这样你将无法清楚整个机制的运作。与你的无意识保持沟通，这将让你真正脱离习惯的控制，脱离无意识的控制，得到真正自由的生活。

对生命发生的一切说"是"，获得真正的满足

我们已经知道，所有的批评、评价和恐惧，都来自我们的头脑，都是头脑的概念，是头脑决定事物的好与坏、取与舍。实际上，事物本身并没有所谓的好或者坏。

人类学家发现了很多的例子，一些地方的禁忌，在另一个地方则是被接受的。那些致力于推动社会秩序建立的人创造了它们。

我们确定的只有觉知与不觉知。当你觉知的时候，你对自己负责，不会伤害自己或者别人。那些伤害、那些痛苦都是不觉知时所为。

但是我们却在那些所有的准则里面耗费了太多的能量。我们埋怨命运不公，对发生在自己身上的事情哀怨愤恨，无力绝望……因此我们有了太多的紧绷、压力和对抗。

曾经一位四十岁的女人执着于母亲的早逝："我十岁的时候

妈妈去世了，我从来没有得到过她的支持。"她说着，声音、神态像十岁刚失去母亲的小女孩。

这是一个受害者的孩子的故事。母亲过世了，但她在孩子身上继续活了下来，这才是真相。

她可以选择：继续无意识抱怨，"妈妈没有支持我""她情绪上没有支持我"，或者"她没有办法给我需要的"。她可以这样，执着在旧的故事和抱怨当中，很多人都这样做，就好像一张老旧的唱片。我要说，停！这样一点帮助都没有，除了使自己变得软弱。

她其实还有另外一个选项，看到更大的画面，"妈妈已经尽力给予我能给的，她给我生命，这是最宝贵的"，然后享受自己的生命。

我告诉她："你的妈妈并不想死，但这是她的命运，跟你没有关系，不是你的错。你做得非常好，我知道对你来说不容易。母亲以你为荣，母亲永远都是你的母亲，这一点不会改变。"

生命当中的任何事情：生意一败涂地、失去爱的人、失去至亲……无论你怎么抱怨怎么哀叹，都不能使已经发生的事情改变！身边的人也被你的呻吟所感染，感觉坏透了！还有人对你微笑吗？还有人想留在你身边吗？

我们真的会错过很多东西：太阳每天升起、光芒和暖、鸟儿轻唱、树芽长成叶子、打苞的花骨朵开满枝头，漫天的熠熠星光，还有孩子们的欢声笑语……

对生命发生的一切说"是"，寻找那些带给你温暖和滋养的事物。这需要你做出积极的选择，负起自己的责任。然后，带着觉知，经历喜乐。

你也可以对生命说"不"，把焦点放在错误上面，放在问题和困难上面。你可以继续讲述那个老掉牙的受害者的故事，不用对自己负责——这更容易，当然你也因此感受不到活力、流动和轻盈。

选择权在你自己手里。

如果你希望获得真正的自由，真正得到滋养，就必须勇敢面对所有的遭遇，不带任何判断或者抱怨、去正视它，这是让你平静的开始。唯有平静，你才会发现，满足存在于每一个片刻之中，无论你的处境如何，它一直都伴随着你。

记住，你有权利享受你的生活，得到真正的富足和自由。

练习7
探索真实自己的静心技巧

有一种西藏的静心技巧，会让你明白，即使没有你，其他生命也运行得很好。

找一个安静的空间坐着，想象自己的身体开始逐渐消失，仿佛成为一只幽灵。

接着，想象回到你居住的房子，回到你办公的大楼，看看没有你的情况下，其他生命将怎样运行——你可以看到他们，但是他们看不到你。

你会看到，即使没有你，其他生命也会运行得很好。实际上，除了父母妻儿这样的至亲会挂念你一段时间，其他的人挂念你的并不多，他们都在忙着自己的生活。你做过的事情，生活过的痕迹，慢慢在消失一这——切就像印在雪地上的脚印一样，雪慢慢融化，一切化为乌有。

人们并不需要你，当你发现这个事实，你将会慢慢获得平静。你不需要做某类被人希望你做的人，你不需要背负起别人希望你背负的责任或者义务。没有你，这个世界并没有什么改变。

当你明白这一点，放下自大与傲慢，你将会投入更多的时间去探索真正的你——这是真正的方向。

如同荣格说过的，"往外张望的人在做梦，向内探寻的人才是清醒的"。

后记：
感谢生命，我如此幸运

如果我回顾我的生命，我可以看到我是多么幸运——对于存在给予的许许多多机会，我做到了对它们说"是"，也不知道自己是怎样做到的！

开始的时候很不容易。当我还在求学时，我的父亲在一连串的事业失败之后自杀了。他是一位非常好的父亲，但是跟金钱的关系很不好。后来我才理解，这与他小时候的经历有关。我们破产了！我们失去了我们那宽敞而舒适的中产阶级房屋，我和妈妈搬进了一个租来的房子，周围的邻居完全是不同类型的人。我仍然在同一所私立学校就读，因为我获得了奖学金，我一直很擅于学习。但是我失去了我的小马，以及几乎所有的财产。我与以前的朋友断绝来往，因为我感到羞愧！

在这之前的三年，我达到一个顶峰。我从数千名女孩中被挑选出来在一部专业剧作中和当时有名的演员一起演出。我沉醉在美妙的时光、美丽的憧憬及一定程度的名声之中。现在它们全都过去了，包括所有我赚来的钱，那是我父亲为我投资得来的。

我用了好几年的时间来驱散因为羞愧所造成的阴影。但现在回想起来，这个早期经验到的创伤，最终引领我去探究我自己，去更深地了解我自己，去发现一些关于生命的真理，比如我在本书中分享的这些内容。

因为奖学金，我得以进入大学。我们的学校"立志"于把女孩子训练成优秀的家庭主妇、护士或者老师。任何时候，只要我们离开学校，我们必须穿上夹克，戴上手套和帽子。我是同学当中第一个当上律师的。

大学让我第一次近距离接触男生。看我年轻时候的照片会发现，我是有魅力的，我也确实有很多的约会。但是我太没有安全感了，曾经的打击让我相信，没有人会爱上我，这顺理成章地让我觉得我每一次都会被拒绝。

在墨尔本大学，我发现了玛莎·葛兰姆舞蹈，这是我多年来第一次感觉自己从没有安全感中解放出来。通过舞蹈，我第一次有了超越头脑的体验。我的老师，玛莎的一员，他介绍我到伦敦当代舞蹈剧院公司。所以，当我通过执业律师考试，并获得高法院任命为一名执业律师和法律顾问后，我启程前往伦敦学习舞蹈。

二十多岁的我被那些自小接受芭蕾舞训练的柔软且年轻的身体所围绕着，这是一个全新的世界。而我，因为芭蕾舞，获得了更多的灵性时刻。现在想起来，当时的我真是幸运。

在剧院里，我邂逅了我的丈夫约翰。当时我已经厌倦了拒绝男生，或者感到自己被他们拒绝。我真的不相信，他们会爱上我。约翰让我发笑，他就像蒙提·派森（20 世纪 70 年代风靡英国的喜剧演员）一样出现在我面前。我刚好获得奖学金，让我可以在克拉科夫的波兰哑剧院接受托马斯克的训练。我喜欢托马斯克，但是如果要跟他发展，我必须学习波兰语，还要查阅词典。于是我选择了约翰！

约翰是一个艰苦的艺术家，于是我离开舞蹈界，开始在一家报刊做广告销售的工作。我发现我擅长这方面。后来，我成为哈玛克出版旗下的商业杂志助理出版人，负责《今日管理》《市场交易》《会计师时代》等杂志的工作，成为公司的部门经理。正是那个时候，妇女平等机会议案被议会通过，我成了大众媒体口中商业界成功女性。

我赚了很多钱，但不敢告诉约翰，他依然是一个艰苦的艺术家。我越来越成功，不安全感也越来越多，压力越来越大。我日复一日地担心着，人们终有一天发现我并不如自己表现得那么完美！我不敢跟约翰谈论这一切，我们日渐远离对方！有一天早上，我突然冒出一个念头："我干吗要起床？"

我离开我的丈夫和我的工作，租了朋友的一间乡村小屋，和一群很了不起的年老独居妇女在一起。我开始编织，一件件充满奇妙色彩的作品从我手中滚滚而出。我带着它们到伦敦，并接受订单。我的一双袜子出现在了《时尚杂志》中。针织设计师是我生命中一个非常精彩的点缀。

就在这个时候，有人提议去印度旅行。它改变了我的生命。我从陆路乘火车前往伊斯坦布尔，然后坐了一连串的公交车，穿越伊朗、阿富汗，并到达印度。

原本，我只打算在印度停留两周，但实际上我在那里待了近三十年。我在普那开始发现我自己，并治疗我所有的旧创伤——有些伤口甚至我自己都不曾知晓。

开始时，我非常沮丧——我有很强的大脑，逻辑能力和推理能力也很厉害，有一个很强大的形象隐藏在我背后，再加上我的骄傲和固执，这些让我的防御更加牢固，我非常挣扎。我以为自己永远不能摆脱这些混乱的无意识，但是这个地方不给你找借口的可能，也没有机会让你去责备任何外在的事物。这是无法逃避的事实，所有的东西都跑到我的自我上面来。

原来，我所做的只是在找填补，以便让自己感觉好一点。

在我能够面对我所认为的自己其实并不是真正的我这个事实之前，我跌到人生最低处（企图自杀）。

这一路走来不轻松，但我慢慢听取了修行老师的意见，不再挣扎。这便是为什么我要与你们分享我所学到的，因为我现在知道，这个过程其实可以不那么艰难。你有智慧、真诚及热切渴望，那便足够了。你可以转化你的意愿，遇见你本真、富足、自由的生命。

附录 1：
感觉内心的自由，你本来就是聚足的
——赖佩霞专访奥南朵

来源：《美丽杂志》

奥南朵求学时成绩优异，毕业后顺利获得律师资格，在职场上有相当杰出的表现，但外在的成功并没有为她带来心灵上的满足。于是她结束了婚姻、离开原有的工作，到印度去。她目前定居意大利，常年在世界各地带领课程及演讲。

她单身，膝下无子嗣，然而这对她来说却毫无遗憾。东方女性承受了太多无形的枷锁，今天就让我们贴近奥南朵的世界，听听她的自在美学。

赖佩霞：这个年代，很多做父母亲的虽然育有儿女，却也不想仰赖子女过生活，他们希望能活出为人父母的尊严，在独处

中享受快乐的生活质量；从另一方面来看，许多人常常就是因为不知道如何在独处中保有幸福感，所以就必须倚赖子女或配偶以寻求慰藉。当这种需求太过强烈的时候，就会造成彼此之间的困扰与负担。请你谈一谈你如何学习独处？对于单独一个人，你的经验如何？

奥南朵：独处是一件非常美的事情。不过，人只要一想到单独一个人，通常都会害怕，所以人们终其一生过着忙碌的生活，想尽办法让自己保持在社交上的活跃，目的就是为了要躲避这种心理上对独处的恐惧。

当一个人什么都不做，什么都没有的时候，只能面对自己的生命。这时候，很多不舒服的感觉会一个个浮现，甚至会让人感受到生命的虚空……当你停下忙碌的步伐，就必须面对自己，这是多数人不敢停下来的原因。一旦停了下来，一些过往的事件会重现，五味杂陈的感觉都会跑出来——你可能会开始感觉到自怜、觉得自己没有被重视、没有价值、没有意义，那些长期被你积压下来的未了的过往记忆，全都会浮上来。

人为了逃避这些内在的声音，总是无意识地借着别人或别人的事把自己的空间填满，目的就是为了避免去感受心里那份空虚和缺憾，拼命让自己感觉被需要、被渴望、有作用，尝试让自己的内心感受到希望；但人如果不学会面对自己，学习与自己相处，将永远无法好好放松下来。虽然每个人都向往自在，却也自在不起来，因为要达到自在的状态，就是必须经历这些独处的过程。

赖佩霞：是的，许多人都说希望享有平静，但也不懂为何受不了平静中的"无聊"，即使停下来了，仍不断试图找一些事物去填补那些空隙，这也就是为何人宁愿过着充满冲突的生活，也不愿单独面对自己。其实，面对自己，更需要勇气。

奥南朵：冲突的确令人亢奋。但是，如果心里有冲突、不舒服，就不会感受到自在，也永远找不到平静。对我而言，独处与孤独是不同的，我以前曾经非常孤独，就在我离开第一任丈夫，恢复单身生活的那段日子。当时我的一群好朋友都已经结婚，出门都出双入对，除了我以外，并没有其他单身的人。突然间，我必须面对自己，靠我自己，这让我惊恐万分，我看着镜子中的自己，感觉已经到了濒临崩溃的边缘，因为我再没有办法借由别人的眼光认可我自己，或感觉自己是谁。

事实上，我无意识地落入孩提时期的那种没有价值、没有用的感觉。在那段时间，工作之余，我晚上还疲于参加慈善团体，从事一些慈善工作，为一些无家可归的人提供食物。在服务时我展露自己的特质，与其他人维持良好的关系，试图去感觉内心的舒适及安全，但是回家后，当我面对自己，看到自己内心深处什么也没有，那种感觉真是可怕！

赖佩霞：当时你通过投入慈善团体的服务，去感受自己存在的价值？

奥南朵：老实说，我利用慈善活动帮助自己找到生命的尊严、生活的意义和自我认定的价值，而我也借由服务，认识了一些从事现代心理治疗的专业人士。我参加呼吸课程，让痛苦得到不少释放与解脱，那是 20 世纪 70 年代初期，人们开始大胆发表自己的想法，我想看看在团体中我会发生什么事情。当时我是一个事业非常成功的职业妇女，赚了很多钱，一早起来便打起精神上班，与其他嬉皮的生活方式截然不同。不过，职场上那种多彩多姿的生活对我造成很大的压力，在朋友的推荐下，我接受针灸治疗。那位针灸治疗师是个印度人，替我扎针时要我静心，我问他那是什么？他说晚上来了就知道。于是，当晚我便穿着职场上的深色套装，做了生平第一次的动态静心。你可以想象那个画面吗？

静心是一种经验，虽然有数百种不同的方法，但最终的状态是一样的——帮助我们回到内心深处，去发掘自己的真实状态。

赖佩霞：对于女性而言，无论是主动提出离婚或毫无预期的离婚，心理上总会是个撼动；当女孩长大了，想离开原生家庭，找一个男人另组新家庭时，总会怀有两人生死相许的憧憬……而当梦想破灭，内心不免要经历一番对自己的否定。

奥南朵：是的，当时我被婚姻生活困住了，也不知道自己为何不开心，只是一味地渴望从中挣脱出来，我告诉前夫，我需要两周的时间。于是，我暂住在朋友的家里，之后我就再也没有回去。那个痛苦的经验，开启了自我探索的旅程。

赖佩霞：有些社会文化认为女人需要有男人才算完整，或者女人需要有小孩才能使生命圆满。事实上，子女的确也让许多女人感觉到被需要、被重视，而且好像能提供一种将来老了也有人照顾和支持的安全感。

奥南朵：那是基于生物的无意识本能，也是基于社会文化所产生的影响。首先，你必须了解自己的无意识，无意识的力量比意识的力量强多了。我们必须看看无意识中有些什么讯息。我曾有一段时间想要很多小孩，他们有来自不同种族的父亲，因为我认为混血儿比较美丽聪明，后来我发现自己的动机是非常自私的，我想借由孩子让我的生活更美好、更有趣。

每个人都有尚未被满足的需求，例如：爱和尊敬等，我们没有从父母身上得到这些，因此，我们一生都在寻找某些人、事、物来满足我们的需求，从朋友、恋人、工作上寻找等等；然而，追逐这些消耗了我们大量的生命。事实上，没有其他人能满足我们这些需求，唯一能满足这些需求的人是我们自己，我们大多没有觉知到这些需求，因为它们深藏在无意识里，外显出来的是：我们无法离开配偶、工作，甚至要孩子来满足我们的内在需求。

　　这些需求的满足，不该是任何其他人的事。我们要了解那是自己无意识的需求，那些是在孩提时代没有被满足的感受。我们可以用自己的方式把它找回来，而不是靠找其他的人来爱我们、尊敬我们、告诉我们自己有多好来把它填满，因为别人给的，我们永远嫌不够。

　　赖佩霞：你是否可以告诉大家，不怕独处的法门？

　　奥南朵：勇敢的人不是没有害怕！勇敢的人是知道恐惧的存在，但是愿意去面对它。恐惧是非常强大的能量，通常来自无意识，它相当耗损生命力。我们可以静下心来，拿着纸和笔，让那些来自无意识的恐惧出来，然后写下来，有时你所害怕的人、事、物并不一定合乎理性和逻辑，但没有关系，就是把它们写下来。例如：我害怕别人对我的评论，我害怕感觉到无助；我害怕自己没有价值；我害怕死亡；我害怕虚空；等等。写完之后，看着它们，不要试图改变任何事物，包括你自己也一样，带着觉知，把它们带到意识层面。

接着，看着这张清单，看看什么是真实的，什么是非理性，甚至你可以想象自己只有一个人住，没有伴侣，没有孩子，失去所有一切支援。在这种情形下，你活得下去吗？你如何活下去？你能对自己的生命做什么？你可以让自己的生命不依附在别人身上吗？你想做什么？你将从独处中发现自己充满创意和滋养的生命力。每当面对空虚、孤独、灾难的感觉时，你会越来越坚强。不妨回顾过去，看看生命中曾经发生过的苦难，结果你也都存活下来，也学到了宝贵的功课，不是吗？

赖佩霞：我们都渴望自在地独处，毕竟，那是最终回家的路径。最后，请给正在独处的人一些话……

奥南朵：独处时，会让我们看到内在丰富的能量和创造力，要善用它，不要被困住，因为你本来就是自由的，要专注于此生的使命，好好写下生命的模板。如果人生是一部电影，你想写出什么样的剧本？你希望在人生中经验到什么？其实生活周遭，有许多人、事、物都在启发你，或正等着启发你，希望开启、创造你的生命。自在是每个人心灵深处的最大渴望，只有通过单独与独处的洗礼，自在才会诞生。

附录 2 :
奥南朵的财富语录

◎运用吸引力法则能收获好的金钱关系？我只能说这是一个很美好的愿望，就像我希望我妈妈永远不离开我一样。

◎金钱的价值是不断改变的，这是一种运动，任何运动的事物就是能量。把钱当成能量，它就会真正流动起来，它来了它走了，有时多有时少——这就是钱的本质，它不是固定的东西。

◎在无意识中我们变得像我们的父母；在无意识中，我们承接了他们的态度、他们的想法，甚至是他们的情绪、惯性。如果说妈妈是很哀伤、很沮丧的，那我也很哀伤、很沮丧，这样我就归属于妈妈；如果爸爸对钱很焦虑，我对钱也要很焦虑——在无意识中，我们一直都是这样做的。

◎你头脑里面许许多多的以为是你自己的思想和观念，你的很多判断和选择，还有你行事时的作风，事实上都是你小时候无意识中从父母那里承接下来的。

◎以如实的自己而得到爱和尊重——这是一个孩子的基本需求，以他们真实的样子被接受，得到尊重和爱。但我们从父母那里接收到的讯息是"你必须成为我希望的样子我才会爱你""你必须活出我的期待我才会爱你"，诸如此类。我们自身是没有价值的，我们必须要证实自己，我们必须去赢得别人的尊重，赢得别人的爱。这些造成了我们内在的空缺。

◎传统中国的多子女家庭里，女孩会受到太多的忽视，而男孩则会承担过重的责任。无意识中，女孩是有点嫉妒男孩的，男孩是家里的王子，是父母的最爱。但是女孩没有理解到的是，事实上对男孩来说，他是更困难的，因为父母的期待全部都在他身上。

◎如果我们有足够的勇气，能够诚实地面对自己，我们会看到，对父母的抱怨和拒绝背后，是一颗充满渴望的心。

◎当一个人被父亲粗暴对待时，本能地，他会拼尽全力让自己不像父亲。但命运就是这样残酷，越是挣扎，越是拒绝，你就会越像他——这是一个孩子跟他的父母连接的方式。除非你先看到，"没错，我有一点像你"，不然什么都没有办法改变。

◎让我告诉你更大的真相吧——父母背负了自己的重担，又或者他们从小没有被好好爱过，所以他们不知道如何给予，也没有办法给予。但他们依然是赋予你生命的父母，这是事实。他们已经给了他们所能给予的全部。

◎我们不需要爱自己的父母，有的父母确实很难与之建立起爱的连接，也不需要对父母的品格或者性格说"是"。但我们必须尊重他们为什么成为那个样子，认同他们是父母，认同他们给予我们生命这个事实。

◎一旦孩子抱持着拯救父母的意愿，他就会觉得自己没有任何支持，什么都必须自己来。其实这是他自己创造出来的，因为他把自己看得太重要了。

◎孩子对父母有着盲目的、忠诚的爱，所以无意识中就会阻止自己过得比父母幸福。但是，我们要知道，父母有原因没办法享受自己的生命，但是你没有。如果你真的想帮助自己的父母，你就要去享受他们赋予你的人生，用他们给你的生命去创造一些美好的事物，这样他们受的苦就没有白费。

◎如果你想要人生当中一切都在你的掌控下，非常安全、有保障，那你只能做一件事——在房间放一口棺材，一辈子就躺在里面——那是唯一安全的东西，那是人生当中唯一保证会发生的事情，就是你一定会死。

◎你做一件事情，它出现的结果不是你想要的，这是一个事实。但你可以选择贴什么标签在上面，"失败""困难""问题"，或者"这样行不通""这是一个挑战"。

◎我们太容易把身边人的支持当作理所当然。你说,"我去追求目标是为了他们,等我赚到钱我就会给他们"。但他们想要的不是钱,他们希望被你看见,他们希望你尊重他们,觉得他们重要。

◎当一个人有所隐瞒的时候,我们就会感觉跟他有距离;如果一个人很诚实、很真实,周围人跟他就会产生很好的连接。

◎小心选择你的敌人,你会变得像你的敌人,因为你在他身上投注太多焦点了。

◎给予是比较容易的,这样会让我们感觉良好。如果我们能从对方的角度考虑,永远处于接受的境地,对方的感觉是不好的。当一个人总是给予我们的时候,他看起来比我们要大,他是在帮助我们。这样其实是有一点侮辱人的。

◎当我们感到自己没有支援,什么都要自己来,很累有很多挣扎的时候,这就代表你把你自己看得太重要了。

◎感恩是非常有力量的,而且不需要一毛钱。你只需要放下一点你的骄傲和你的抱怨。

◎当一个人目标太大时,他就会有太多的压力,对成功有太多的渴望,这让他无法放松地享受。我们要理解我们目标下面的潜意识是什么,如果不理解,就永远会在压力当中。

◎有句禅语，我很喜欢："当我的房子烧毁了，我就可以更清楚地看到月亮。"房子烧毁了是一种状况，是一个需要我们面对的问题，"好难好担心"这是一种态度；或者你可以说，"哇，我从来没有留意过月亮这么美"。

◎状况发生了，尽管你不希望，但是事情已经发生了。我们是一个受害者吗？或者我们承认自己失败？这取决于我们如何诠释它。

◎有时候如果事情完全失控，我们损失了一切，反而给我们机会让人生完全转向。成功者，允许最坏的结果发生。

◎当你有勇气去面对状况的时候，焦虑就不在了。焦虑的产生是因为我们不愿意面对。如果我们愿意去面对，焦虑就不在了，就只是一个挑战，我们的能量也会立刻改变。你不会待在受害者空间。

◎我们只有一条路可以走，就是活在不安全中。改变一直都在，有时它是你希望的样子，更多的时候它是你不想要的。但既然它来了、发生了，无论你做什么它都不会消失。这时候，你可以使用你的能量去面对新的状况，甚至享受其中。

◎当你带着失败者的姿势走动的时候——这个姿势可能来自你的父亲或者母亲——它就会吸引你的能量，会让你感觉到身体很沉重，你看待周围的世界也会很悲观。一旦你改变自己的身体姿势，同时你也改变了自己的能量，改变了自己的态度，从而影响你做出的所有决定。

◎如果你与自己的身体连接，你会发现你的声音就是你的直觉，非常清楚简洁，没有任何画面，只有一个声音——"对，这样就对"，这个就是你的声音。

◎如果想要赚很多钱，你要做的第一件事就是不能专注在钱上。你必须把赚钱放在次要的位置。你可以做自己很热爱的事情，或者你把自己的热忱放在改善其他人的生活上。

◎社会从来不会尊重那些走捷径致富或者剥削别人而致富的人。一个人通过这样的途径拥有钱也必然会很快失去钱，那些钱会莫名其妙地从指缝间溜走。因为他剥削了别人，总有一天他要还回去——要不他还，要不他的孩子还——要付出代价。

◎成功人士并不会过多聚焦到目标上，他们把更多的能量聚焦在每个步骤上，怎么样达成目标——这才是重要的部分。

◎让责任回到自己身上，也就代表我们有了选择，有了一个新的立场来扭转受害者的角色。

◎通常，我们对工作不会感恩，会说"我不喜欢我的工作"，但又无法离开，在我们自己创造的两难中，工作变成了一个负担。如果我们可以对工作说："非常感谢你到目前为止带给我的一切，你已经为我做得够多了"，那就意味着我们不会继续抱怨自己的工作，因为我们有意识要保留它—我们从一个被动的受害者变成一个主动的承担者。

　　◎感受到罪恶感其实是逃避责任的一种方式。你有罪恶感说明你还没有负起责任。"对，这就是我干的事"，这是负起责任的一种方式。

　　◎如果你希望获得真正的自由，真正得到滋养，就必须勇敢面对所有的遭遇，不带任何判断或者抱怨去正视它—这是让你平静的开始。